도시소녀 귀농기

KB152812

도시소녀 귀농기3

ⓒ 에른 2019

초판 1쇄 2019년 02월 15일

지은이 에른

출판책임 박성규
편집주간 선우미정
디자인진행 조미경
편집 박세중·이동하·이수연
디자인 김원중·김정호
기획마케팅 나다연
영업 이광호
경영지원 김은주·장경선
제작관리 구법모
물류관리 엄철용

펴낸이 이정원
펴낸곳 도서출판 들녘
등록일자 1987년 12월 12일
등록번호 10-156

주소 경기도 파주시 회동길 198
전화 031-955-7374 (대표)
031-955-7381 (편집)
팩스 031-955-7393
이메일 dulnyouk@dulnyouk.co.kr
홈페이지 www.dulnyouk.co.kr

ISBN 979-11-5925-385-0 (04520)
979-11-5925-382-9 (세트)
CIP 2019001508

이 도서의 국립중앙도서관 출판예정도서목록(CIP)은 서지정보유통지원시스템 홈페이지(http://seoji.nl.go.kr)와 국가자료공동목록시스템(http://www.nl.go.kr/kolisnet)에서 이용하실 수 있습니다.

값은 뒤표지에 있습니다. 잘못된 책은 구입하신 곳에서 바꿔드립니다.

도시소녀 귀농기

3

청년농부

글 그림 에른

들녘

● 작가의 말

어렸을 때, '동물농장에 살면 좋겠다'고 생각했습니다. 현실적인 고려라곤 전혀 없는 '상상'이었지만 이룰 수만 있다면 정말 행복할 것 같았어요. 하지만 서울에서 태어나 쭉 자랐기에 진지하게 고민해보지는 않았습니다. 그저, 은퇴할 즈음이면 가능하지 않을까, 막연히 생각했지요. 그런데 스물다섯 살에 뜻밖의 기회가 찾아왔습니다. 예정보다 이르게 은퇴를 결심하신 부모님이 귀농하기로 마음먹으신 겁니다. 친지들이 대부분 서울에 있어 망설이기도 했지만 복잡한 대도시를 벗어나고 싶다는 열망이 더 컸기에 저도 이 여정에 합류했습니다. 직업상 사는 곳이 어디든 상관없기도 했고요.

그 당시 제가 생각했던 귀농귀촌 역시 일반적으로 상상하는 모습과 별로 다르지 않았습니다. 아름다운 집과 신경 쓴 조경, 가끔 놀러 온 지인들과의 바비큐 파티. 그야말로 평화로운 시골살이를 기대했지요. 물론 정착 후 어느 정도 비슷한 생활을 누렸지만, 그것이 전부라면 중도에 귀농을 포기하는 사례가 미디어에 오르내릴 이유는 없을 겁니다.

귀농 과정엔 정말이지 많은 공부와 마음의 준비가 필요했습니다. 단순히 거주지를 옮기는 것이 아니라 이미 끈끈히 이어진 작은 네트워크에 낯선 얼굴이 연결되려 애쓰는 것이었으며, 한정된 예산을 조금이라도 아끼기 위해 조각조각 흩어진 행정 정보를 긁어 모으는 작업이기도 했습니다. 농사는 말할 것도 없었지요. 초반에 상당한 수준의 육체적 피로를 느낀 아버지는 한동안 병원 신세를 졌습니다. 판로를 개척하거나 미래에 대비하려면 부지런히 전자상거래나 새로운 농법 등도 익혀야 했고요.

그렇게 가족들과 함께 부딪히던 중, 이 경험을 바탕으로 만화를 그려 공유해야겠다는 생각이 들었습니다. 예비 귀농인들이 실전에서 어떤 문제에 직면했을 때 덜 당황하며 해결법을 찾을 수 있게끔, 정착 후 생활보다는 '준비 과정'을 중점적으로 다룬 이야기를요. 그래서 경험한 것을 꼼꼼히 기록하는 한편, 경험이 부족한 부분을 취재 · 공부하고 정보를 수집하면서 연재를 준비했습니다. 그 결과물이 〈도시소녀 귀농기〉입니다. 네이버와 다음 웹툰 자유연재 코너에서 약 3년간 연재했고, 운 좋게도 단행본 출간이 결정되어 더 보완된 모양새로 여러분께 선보일 수 있게 되었네요. 딱 3년만, 만화가로 먹고살 수 있을지 전력을 다해보자며 시작한 데뷔작이 좋은 끝을 맞이할 수 있어 기쁩니다.

여기까지 오는 데 응원과 격려를 아끼지 않은 많은 분들 정말 고맙습니다. 농원 식구들과 동물들, 친구들과 선생님, 요가 선생님, 인터넷 연재 작품을 읽어주신 독자분들, 웹툰을 예쁜 책으로 만들어주신 도서출판 들녘, 내용을 검수해주신 문경시청과 추천사를 써주신 안철환 선생님과 변현단 선생님, 작품에 건축사진 사용을 허락해주신 (주)나무집사랑 대표님, 정말 고맙습니다. 마지막으로 지금 이 글을 읽고 계신 여러분, 고맙습니다. 이 책을 사신 순간 제가 앞으로 창작활동을 계속해나갈 수 있도록 금전적 지원을 해주신 것이나 다름없습니다. 깊이 감사하며 모두 들숨에 건강을, 날숨에 재력을 얻으시길 기도하겠습니다.

이제 페이지를 넘기며 주인공 가족의 귀농 결심부터 정착까지의 길을 함께 걸어주세요. 그 길에서 경험한 것들이 여러분께 조금이라도 도움이 된다면 작가로서 그보다 더 큰 보람이 없을 겁니다.

2019년 1월 말, 뜻 깊은 한 해를 시작하며

작가 에른 드림

안내 말씀

이 만화는 '창작'한 이야기입니다. 주인공은 농업의 길을 가지만 저는 전업 작가이듯이 제 경험은 작품의 뼈대가 되었을 뿐입니다. 특히나 주인공 일행 외의 조연들, 예를 들면 마을 주민들 같은 경우 실존 모델 없이 상징적으로 혹은 필요에 의해 캐릭터를 제작했습니다. 작품 내용으로 인해 그림 배경이 되는 곳의 실제 거주민이나 그 외 다른 분들께 불필요한 피해가 생기지 않길 바라기에 이상을 미리 알려드립니다.

차례

● 등장인물 소개

지은

평범한 취업준비생. 대도시에서 자라 농업 지식은 물론 뚜렷한 목표도 없이 부모님의 귀농에 합류했다. 하지만 점차 흥미를 느끼기 시작하면서 하고 싶은 일을 찾아 나선다. 동물들과 즐겁게 살고 싶다는 소망이 그의 꿈이자 원동력.

막금 씨

건강 문제로 퇴사를 결심하고 주도적으로 귀농을 추진했다. 어릴 때 강원도에서 서울로 이주해 농사 경험이 없기는 매한가지. 예쁜 집을 지어 주변을 온통 꽃밭으로 만들고픈 로망이 있다.

옥순 씨

막금 씨와 막역한 지기로, 지은도 옥순을 '이모'라 호칭할 만큼 가까운 사이다. 막금 씨와는 성향이 달라 여러모로 부족한 부분을 의지하는 든든한 귀농 파트너.

형님

국진 씨와 먼 친척뻘 되는 형. 마을을 유지하기 위해 십여 년 전부터 귀농하는 사람들을 도왔다. 주인공 일행에겐 가이드 겸 마을과의 연결고리. 농사 경험이 무척 풍부한 편이다.

세준

지은이 일하게 된 카페의 베테랑 아르바이트생. 아르바이트와 그림 작업을 병행하며 돈을 벌고 있었다. 한적한 곳에서 살고 싶은 생각이 있어 지은의 귀농에 관심을 가졌고 결국 문경까지 따라 내려온다. 금발로 염색한 머리 때문에 마을에선 금총각이라 부른다. 진희와는 연인 사이.

진희

야생동물 전문 사진작가. 잠깐 문경에 들렀다가 주변의 야생동물들을 관찰하기 위해 머무르지만, 지은의 제의를 받아 농업 활동도 함께하게 된다. 농부로 직종을 바꿀 생각은 없으나 작물을 가꾸고 가공품을 만드는 것이 흥미롭다고는 생각한다.

재석 씨

난을 재배할 온실을 지을 수 있겠다는 생각에 귀농에 흔쾌히 참여했지만 은퇴 이후의 삶에 어느 정도 두려움이 앞서는 중년. 그래도 국진 씨와 콤비를 이뤄 뭐든지 직접 해보려고 노력한다.

국진 씨

어쩌다 보니 귀농한 곳이 국진 씨의 먼 친척들이 사는 마을. 덕분에 초반에 많은 도움을 얻게 되었다. 하지만 그에 만족하지 않고 굉장한 열의를 불태우며 자력으로 기반을 쌓아나간다.

55화 프리덤

두리번

지금 집에서
몇 걸음 안 되는데

이 집은 완전히
마을 한복판이네요.
골목길에 붙어 있어서
그렇지 뭐.

겉은 이래봬도 안은
꽤 넓은 집이니까 천천히
둘러보세요~

달칵
난 우리 집이랑
더 가까워져서
좋은데 말이지~.

우릴 자꾸 피하시는 것 같지?
응. 몇 번이나 눈을 마주치려고 했는데.
옛날 일을 더 자세히 물어볼까 봐
일부러 피하시는 것 같아.
악몽을 꿨다
쿵
우와-
그래서 거실 바깥쪽은 보일러가 안 들어오는 걸로 알고 있어.
거실은 확장했나 봐요?
어. 원래 대청마루였는데 실내로 바꾼 거야.
쿵쿵

이야- 방 크기는 뭐
걱정할 필요 없겠네요.

계속 쓰던 데라
짐만 싹 들여오면
되겠다.
응. 깨끗해.

국진 씨 이 방이
더 큰 거 같아
우리 셋이 여기 쓸게.
그럼 우리 부부가
이쪽 방.

방이 두 개야?
내 방은?
나 아빠랑
같은 방
쓰기 싫어-

집 지을 때까지야.
불편해도 좀 참아.
여간 불편한 게
아니니까 그렇지-!

코골이!
대왕코골이!!
미안- 방법을
찾아볼게.

꺄!!!

세상에 신이시여
감사합니다아아!!!
제가 전생에 나라를
구했나 봅니다!!!
화장실이
실내에 있다니!
양변기가 있다니!
키득
키득

며칠 후
고민이네….

서울에 집 남겨둔다고 크게 좋은 것도 없을 거야.
그런가….
어쨌든 새집을 지으려면 돈이 필요하니까…
대출은 힘들겠고 팔든지 세를 주든지.
톡톡

난 팔았으면 좋겠어. 세를 주면 은근히 신경 쓸 일이 많아.

정기적으로 계약도 챙겨야 하고, 고장 나면 수리해줘야 하고, 세금도 계속 나오고.

팔아서 반은 집 짓는 데 쓰고,
반은 연금 나올 때까지
생활비로 운용하는 게
좋을 것 같아.

그치만 난 세를 줘서라도
이 집을 남겨두고 싶은
욕심이 있어.

쟤는 졸업해도
문경에 내려와서 살
생각이 없다니까.
뒀다가 이 집을
물려주는 게
좋지 않을까?
서울에 집 마련하는 게
얼마나 어려운 일인지
해봐서 잘 알잖아.
그래도 그건
아니야 여보!

공짜가 어딨어~
조금 깎아주더라도 팔아 넘겨야지!
어머 당신 굿 아이디어야~!
낄낄
찰싹
찰싹
흠.
아들. 너 진짜 문경에 내려올 생각 없니?
잉?
아빠. 나의 주관은 확고해.
난 시골이 싫어. 친구도 없고 놀 것도 없잖아.
그럼 어떻게 할래? 곧 이 집을 처분해야 할 것 같아서.
음…. 내가 학교 기숙사에 들어갈 수 있던가?

일해서
독립할 때까지
할머니 댁에 가서
사는 건 어때?
할머니 댁에?
내가아??
오- 난 망했어…!
개조 당하고
말 거야-
할아버지는 새벽 4시에 일어나셔서
아침 먹으라고 깨우실 거고
저녁 7시에 왜 아직
안 들어오냐고 전화를
하시겠지-
할머니는 7시 20분부터
일일드라마 4개를 연달아
체크하듯 시청하시고
겨우 잠에 드셨는데
내가 들어오는 소리에
밤잠을 설쳤다고
힘들어 하실 거야-!
쿠궁
그렇게
한 달쯤
같이 살면
난 전 세계에서
가장 건전한 생활을 하는
대학생이 되겠지!!!
난 옥탑방을
말하는 거였는데
네가
그렇게 원한다면
작은 방 주시라고
해야겠다.
아부지 제발….

똑똑~

끼이
엄마- 이사 말이야….
정확히 언제야?

9월 첫째 주 토요일.
아직 한 달 남짓 남았네.
그래도 꼭 가져갈 물건은
미리미리 정리해둬.

아-음….

있잖아.
우리 조금 더
일찍 내려갈 순
없을까?

괜찮아? 정말?
꽈악

엄마가 내려가면서
먹을 거 많이 주문해둘게.
국세트랑,
반찬 모음전,
그리고-
엄마- 나
취사병이었어….

얼른 가 엄마.
노니도 잘 가~!
매정하다~!
이제 같이 못 살지도
모르는데!

옥탑방이 가을쯤 비워진대.
난에 물 좀 챙겨줘라.
알았어요.

동생아. 나 짐 빼게
조금만 비켜줘.

누나…. 꼭 필요한 걸
챙긴 거야?
어. 옷이랑
이것저것.

후후후…

수박잎이 잘린 사건 이후, 불안감 때문인지 집에
돌아와서도 편히 잠을 잘 수 없었습니다.

그래서 부모님과 논의 끝에,
한 달 일찍 이사를 가기로 했어요.

이제 우리도 마을의 일원이 되겠죠.
부디… 마을에 대해 많은 것을
알 수 있으면 좋겠어요.

56화 농촌의 평범한 하루

속닥속닥
운명 아니고 문명….
쌔액
아이 귀여워라~
슥
슥
으이- 하지 마아!
봐! 나도 똑같이 청년회란 말이야!
오 정말이네-
그치? 이제 날 어리다고 무시하지 마.
배지가 많이 남았나 보다….
???
우리 가족은 모두 청년회에 속하게 되었는데
논회
회장
논회

실제로 청년인 사람은
저와 주원이 부모님뿐입니다.
모르던 이웃들과의 교류도
많아졌는데요.
청소해여?
그중 우리 집을 지나
노인회관에 가시는
어르신들이
어르신, 회관에
놀러가셔요?
예에-
야는 누구에여?
저희 집
장녀입니다.
참하네
생겼네.
또
잊어버리셨네….
매일매일 제가 누군지
궁금해하셔서 좀
난감하긴 해요.

이미 친해진 이웃들은
일주일에 두세 번쯤 놀러와
시간을 함께 보냅니다.

가까워지다 보니 서로
농사일을 돕는 것도
이상한 일이 아니게 됐어요.

사이가 너무 가까워서
불편한 점도 있지만

이웃사촌이라는 말이
실감 난다고나 할까?

따르릉
따르릉

세준이네.
웬일이지?
틱

알바 그만두고 가니까 재밌어요?!
우와아아?!

귀-귀청 떨어질 뻔했잖아!
후임은? 잘 하고 있어?

아~ 일을 너무 잘해요. 누구랑은 다르게~

내가 그렇게 일을 못했니….

누나만큼 부려먹기 좋은 사람이 없었는데~
아 농담이에요~! 알죠?
빠직
툭

어 여긴 양변기야. 집 안에 있고.
잘됐네~
아- 그럼 예전 집은 이제 아무도 안 살아요?
열심히 고치셨던데 좀 아깝네요~

참, 이사했다며? 그 집 화장실은 괜찮아요? 지난 번엔 진짜 엄청나던데-

응. 근데 계약기간이 아직 남았어.
초겨울까지는 손님방이랑 창고로 계속 우리가 쓸 거야.

끼익
오홍- 그래요?

헤헤- 근데 매일 거기 있으려니
심심하지 않아요?
일찍 일어나서 일찍 자는
착한 어린이 됐나?
어- 아니야. 확실히
깨고 자는 시간이
일러지긴 했지만
할 게 많아서
괜찮아.
탁 탁
틱탁
농사도 그렇고,
나 방금까지 온라인
강의 듣고 있었거든.
배추 편.
배추 편?
엄청 디테일한
강의 주제네요.
그거?
응. 가을엔 김장채소들을
심을 거라서.
그거 말고도 다양한
주제가 많아.
오 그렇구나…
역시 귀농을
생각으로만 하던
나랑은 다르네요.

혹시 내가
들을 만한
주제는
없어요?
많지! 온라인 말고
일회성으로 하는
것도 있는데
우리 아빤 하반기에
그런 거 다니시다가
내년에 농업사관학-
와악!!
쿵
깜짝
슈우~
슈우
뭐에요?
무슨 소리에요?
아흐…
또 박았어…
조심 좀
하지 않고….
얼음 찜질할래?
이거 하면 좀 낫다.
….
큭큭큭

그 시각 서울
노니야~
형아 왔어~!

휘잉~

툭

수북~

이렇게 할 일이
많은데도-
너
저 분

정말 심심하기
짝이 없네….
스르륵

따르릉 따르릉

할머니?
우리 강아지
밥 묵었나?
아뇨 아직.

할미가
고기 볶고 있응께
얼릉 와서 묵어.
반찬도
가져가고.
울컥

할머니 싸랑해유-
오냐~
쪽

어여 더 먹어.
웅얼
웅얼
할머니…

귀농 교육

① 온라인 교육

'농업인력포털'에서 회원 가입 후 원하는 강의 수강 가능.

➜ 각종 작목 기초부터 선배 귀농인의 경험 기반 교육까지 쉽게 골라서 듣자!

② 현장 체험 교육

1) 일회성 체험 교육

➜ 주로 각 지역 '농업기술센터'에 공지가 올라오며 아이들과 함께 즐길 만한 흥미로운 주제도 많다!

2) 현장 실습 교육

➜ '귀농귀촌종합센터의 교육정보/오프라인 교육 항목'에서 원하는 교육장을 찾아보자. 선도 농가에서 단기간/장기간 연수를 받을 수도 있다!

③ 종합 교육

1) 민간기관 교육

➜ '귀농귀촌종합센터' 감독하에 민간기관에서 귀농 전반에 대한 교육을 받는다. 목록은 마찬가지로 '귀농귀촌종합센터 교육정보'에서 확인할 수 있다.

2) 체류형 교육

➜ 일부 지역(홍천, 금산제천, 구례, 영주 등)에 '체류형농업창업지원센터' 운영 중이다. 센터에서 제공하는 주택에 들어가 1년 내내 농업 교육을 받을 수 있다!

3)경북농민사관학교(www.aceo.kr)

➜ 경상북도의 경우 농민사관학교를 운영. 1년에 한 번씩 학생을 모집한다. 기초/심화/리더/마이스터/최고경영자 과정별로 다양한 학과를 선택할 수 있다.

아래 사이트만 참고하셔도 많은 교육 프로그램을 접하실 수 있어요!
-귀농귀촌종합센터(www.returnfarm.com)
-농업인력포털(www.agriedu.net)

57화 로망 실현

싱글
벙글

후

다음 주에 이사를 와? 그 집으로?
응. 누나 부모님께도 허락 받았지롱~!

남은 계약기간 동안 체류하면서
내가 귀농을 잘 할 수 있을지 부딪혀 보려고요.

나는 너랑 이웃하기 싫은데-
에엣? 나 싫어?!
휙
해주야 쟤가 만날 때마다 나 놀렸쪄-
이제 매일 괴롭히겠찌?
누나-! 우린 좋은 친구였잖아…??!
ㅋㅋㅋ
훌쩍
오구오구 괜찮을 거얌.

뭐 어쨌든, 나도 양심이 있어서
공짜로 얹혀살긴 싫거든요.
아저씨, 아주머니께선
어차피 빈집이니 마음껏
쓰라고 하셨지만.

그래서 부탁 좀 할게요.
주섬
주섬
직접 드리려니까
안 받으시더라구.

자.
고마워.

부족하지는 않죠?
농촌이니까 대강
저렴한 월세 세 달치
생각하면서 넣었어요.

왜 안 받으려고
하셨는지 알겠다~
이거 금액이
너무 크잖아.
에? 그게
크다고??

그래 그럴 수 있어.
우리도 처음엔 놀랐으니까.
너 아직
배워야 할 게 많다~
어벙벙

약
까까 사먹으러 가자~!!
고마워 잘 쓸게~!!
쌩
돈이 너무 많으면 돌려줘
이 도둑놈들아!!!

통통

경쾌하고 맑은 소리가 나면
잘 익은 거라던데….
그게 도대체
어떤 걸까?

어때? 잘 익은 것 같아?
잘 모르겠어.
휴

인터넷에 보니까
줄무늬가 선명하고 줄기가 싱싱한 걸 고르라는데?

왜? 여기 그렇게 써 있어…요….
….

바보. 줄기가 싱싱하지 않을 리 없잖아.
지금 수박을 사러 온 게 아니거든.
끄덕
그-그럼 줄무늬를 봐….

언니! 그거 원두막에 가지고 가서 먹으면 안 될까??
다 같이 참으로 먹자!
우왓! 좋다! 우리가 만든 원두막 나도 드디어 써보는 건가?

그럼 웬만큼 큰 것 중에 줄무늬가 예쁜 걸
두 개 정도 따서 먹어보자.

그러지 뭐.
맛이 괜찮으면
내려와서
필요한 만큼
수확하자.
그럼 해주야.
내 열쇠 줄게.
집에 가서 쟁반이랑
칼이랑 챙겨와줘.
아 언니 수박 줄기는
넉넉히 길게 잘라줄래?
응? 왜?
돼지꼬리… 모양을
만들 거거든….
먹기 전에….
평소에 그런
로망이 있었나 봐.
그런 것
같네요.

타
악
쩌억
쩌억

두근
두근

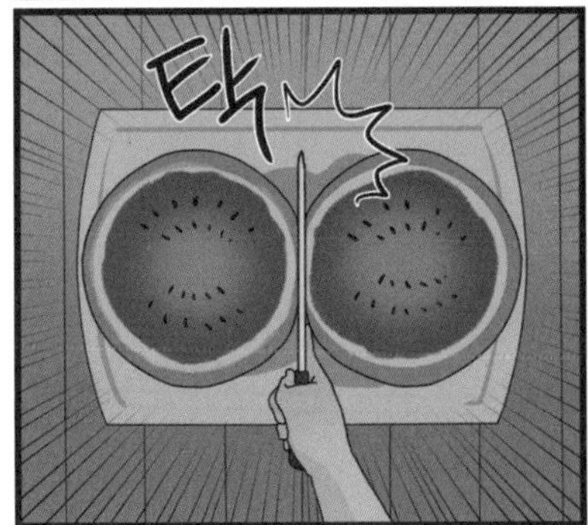
탁

우와 굉장한데?
색깔이 좋아.

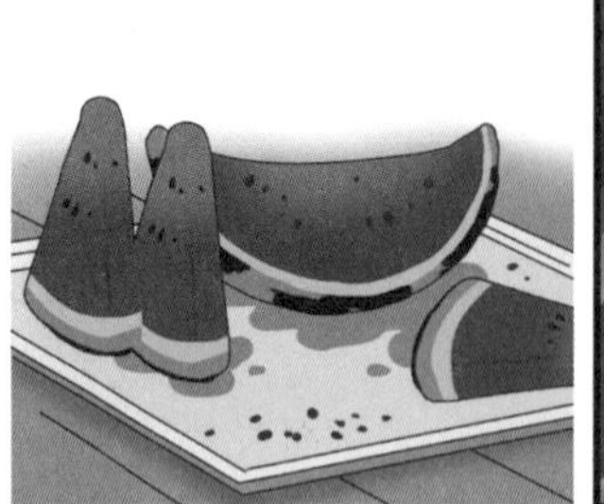

맛있다.
우물
우물

야 이거 먹을 만하다.
크기만 더 컸어도 내다
팔 수 있었을 텐데-
너희들 처음인데도
잘 키웠구나~

고생했어 언니.
너도.
쪽

누나 어때요?
처음으로 직접 키운 작물을
수확한 소감이?
쩝쩝

음
투투투투투

농사는- 내가 초보라서 그런가?
해프닝이 많은 여행 같았어.
우물 우물

지침서는 있는데 돌발 상황이 엄청 많은, 정신 없는 여행?
내가 열심히 한다고 다 잘되는 것도 아니고.
투투투투 투투

맞아.
손도 많이 가고 운도 엄청 필요해.
우리는 그나마 어른들이 도와주셔서 덜 힘들었던 거야.

그렇구나 정신 없는 여행….
그동안의 고충이 느껴지는 좋은 비유인데….

신기하게 누나가 별로 대단해 보이질 않네요….
말할 땐 먹지 말아줄래요?
더러워요~
히히
미안.

지은아. 내려가면서
주원이네 줄 수박도
두어 개 따.
알았어.

그럼 마을 할머니들
드실 것도 따지 뭐.
아까 정자에
모여 계시더라구.
그래 좋은
생각이야.

세준아. 너도
무겁지 않으면
툭
집에 갈 때 두 통 가져 가.
가족들 거랑, 사장님 거.

어- 고마워요 누나.
안 그래도 오래 한 알바 그만둔다고
사장님이 서운해 하셨는데
미안함을 좀
덜 수 있겠다.

딸냄,
수박 다 수확하면
부직포 싹 거둬서
말려.

폐비닐 같은 건
수거 안 하면 여기저기
날아가서 나무에
걸리거든.
이 주변에도 많아.
봤지?
아 그렇겠네-

어 비 온다-
후둑
후둑
콰광
소나기인가?
아 신발 들여놔야지!
그래도 타이밍이 딱 좋았구나.
마침 원두막에 들어와 있었으니까.
쏴아
여기 앉아 있을 때 비 내리는 건 처음이야.
쏴아-
뷰가 좋아서 그런가 꽤 운치 있다-

또옥

똑
똑
똑

이 남정네들아! 비가 새잖아!!!
방수칠도 안 한 거야??
아이 그럴 리가?

똑
똑
허허…

58화 힘들어도 웃는 건

짼 ―

일어났네?
…우와!
뭐-뭐에요
그게???
아 이거 처음 보니?
생활한복인데-
아니 아니~!
화장한 거 맞죠?!
깨방정
분위기가 확 다르네요!
뭔가 새로운 느낌?
고데기도 했어요?
웬일이야
제모도 했어!
헐!
뜨악
평소와
달리
매끈

이 녀석아!!!
내가 제모를 하든 말든 무슨 상관이야!!!
빠직
고-고생하셨다구요…
나 참-
안 그래도 지나가는 사람마다
선보러 가냐고 물어봐서 얼마나 민망했다구.

그럼 뭔데요?

화끈
?

남자 친구가 놀러와….
!

푸하핫
웃지마!

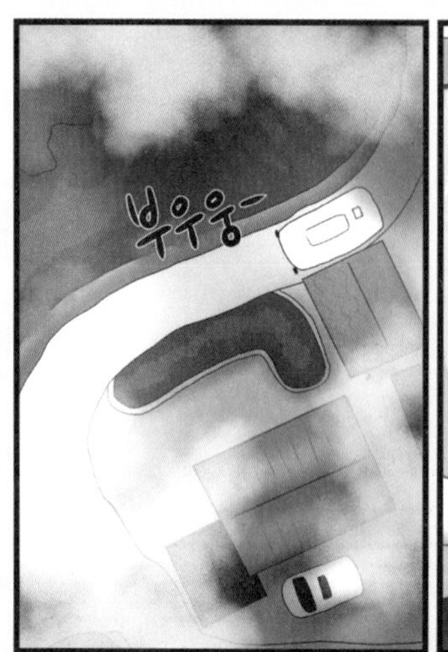
부우웅-

끼익
축제
10.8~10.16

부우웅

보고시퍼쪙-
나도~!
포옥

아~저~형님~!
안녕하세요?
오세준이라고
합니다.

찌릿

안녕하세요 세준 씨!
말씀 많이 들었습니다.
히힝
바-방금
째려보지
않았나??

귀농 체험 때문에 몇 달
살다 가신다고-
네? 아-

부모님께 인사부터
드리자.
그다음엔
우리가 키우는
농작물 보여줄게!
응 그러자.

장인어른, 장모님께선
그동안 별거 없으셨지?
응응!
씨익

엄마!
민석이 왔어!
안녕하세요!
삐질
삐질

뭐지 이 날 선
견제는…?

꾸벅
Good!

Ok!

...
아~

빼꼼
내가 왜 그쪽하고 같은 집에서 자야 하는지 모르겠네.
그럼 뭐, 누나 집에서 잘 생각이었어요?
으르렁

그쪽 설마 지은이한테 흑심 품고 여기 온 건 아니겠지?
나-나도 여자 친구 있거든요!
괜히 혼자 오해하지 마요!

혼자 귀농하긴 겁이 나고 귀농하는 또래 친구 찾기는 더 힘들었어요.
조금 의지하고 싶은 거. 그뿐이에요….
게다가 누나랑, 누나 부모님 정말 좋은 사람들이잖아요.
지은이 힘들어 하진 않아?
농사나… 여러가지로….
음… 가끔 좀 힘이 없어 보일 때가 있어요.
근데 뭐- 그건 저도 마찬가지니까.
알지…
나도 계속 소방공무원 도전 중인걸….
그렇구나… 힘들겠네요….
형도 알죠?
이만큼 컸는데도 아직 떳떳하게 내 몫을 못 하는 느낌…
전부 내 탓은 아닌데… 그게 참…

그래도 지은이 생각하면
힘이 많이 나.
미래에 대한 꿈도
많이 꾸게 되고.
근데, 공부한다고 마음이 쫓겨서
평소에 신경을 못 쓰는 게
정말 미안해…
나도 지은이한테 쭉
그런 사람이 될 수
있으면 좋겠는데-
걱정 말아요.
형도 누나한테
분명 그런 사람일
거예요.
그럴까?
응.
형을 만났을 때
누나는…
정말 행복해
보였거든요.

얀마! 근데 너 정말
사심 있는 거 아니냐?
벌떡
엥? 또 왜?!

아님- 왜 내 여자 친구를 생각하면서
그런 미소를 짓는데?!!
야옹
와! 실수! 그건 예의가
아니었네 죄송!

퍼억
힝- 진희야
보고 싶다아~!!!

59화 외지인

두 사람 어째-
어제랑은 분위기가 많이
달라 보이네?
그새
친해진 거야?

응. 오늘은 평소에 입는
활동적인 복장으로 했어.
어때?
키힛

그럼 그럼!
자기 오늘은
츄리닝 입었네?

내 생각이 뭐가 중요해~
자기 입고 싶은 거 입어!
어유 저
꽁냥꽁냥 진짜-
메롱
그럼 우리 커플 파자마
하나 사자!

두고 봐라
나도 꼭 한다.
꽁냥꽁냥
또로로롱-

어 진희야? 어디야?
다 왔어?
?

야! 나 여깄어!

나 참. 귀찮게.
새벽부터 쉴 틈 없이
전화를 하고 있어.
탁
진희야 보고
싶었어!!!
탁
탁
탁
오늘 너 때문에
짜증 많이 났거든.
당분간 누나라고 불러.
퍽

지은 씨 잘 지냈죠?
저번에 카페에서 보고
처음인가?
응. 진희 씨도?
근처에 있었어요?
연상 취향이야?
연상이라고
다 좋아하는 거
아니거든요!
근 일주일간은
상주 주변에 얼쩡대고
있었죠.
아 그래서 이렇게
빨리 온 거구나.

걔가 어젯밤부터 하도
오라고 찡찡대니까~!
나 이야기 중이니까
좀 떨어져줄래.

그래두-
여기까지 온 건
날 사랑해서
그런 거지
진희야?

아 이쪽은 내 남자 친구고
얜 우리 집 강아지 노니.
안녕하세요.
뀨
열두
짤이에용~
진희 누나
반가워용~
자 누나한테
인사해 노니야~
힉!
후다닥
?
그러니까-
진희는 야생동물 사진을
찍는 작가거든요….
아~
찰칵
찰칵
(침묵)

어색

아니 여길 보지 말고 자연스럽게-
수박 따는 걸 찍어달라면서요?

앗! 카메라를 보니 나도 모르게-
부끄
부끄
하하- 블로그에 올릴 거죠?
키득
네엥-

두둠칫
??
어디 불편해요?
두둠칫

너무 빨리 움직이면 사진이 잘 안 나오잖아요.

괜찮아요. 난 빠르게 움직이는 걸 주로 찍는 사람이니까.

그러고 보니 진희 씨는 어떻게 야생동물 사진작가가 될 생각을 한 거예요?
아 그게요- 처음엔 새 한 마리 때문이었어요.
어느 날 등산하다가 마치 남미에서나 볼 법한
알록달록한 색의 새를 봤어요. 금방 사라져버렸지만.
어쩌면 누군가 키우다 산에 버린 애완용 새였을지도 몰라요.
하지만 전 카메라를 들고 백방으로 그 새를 찾아다녔죠.
지은 씨.
우리나라 새 하면 어떤 색깔이 떠오르죠?
에? 어-
보통 갈색 아니면, 회색, 녹색이 도는 짙은 색
뭐 그런 거 아니야?
있다가 관심 줄 테니까 저리 가 있을래? 좀?
진지한 대화 중이야.
찰싹
치사뽕.
나 봐달라고 부른 건뎅-
힝
토닥 토닥

난 결국 그 새를 찾진 못했는데
대신 산에 조용히 살고 있던 색색깔의 예쁜 우리 새들을 너무 많이 봐버렸어요.
그래서 이젠 산에 가는 걸 멈출 수가 없어요.
두더지 엉덩이, 딱따구리가 나무를 때리는 소리도 내가 가장 좋아하는 것 중에 하나죠.
그래서 옷도 보호색 개념으로?
내 철칙이죠! 사진으로 만남을 담아오지만
내 존재가 그들이 사는 환경을 바꿔선 안 돼요!
그러고 보니 여기도 솔개인가 매인가?
그런 맹금류 한 쌍이 사는데-
옷 진짜???
가끔 산에 노니를 데리고 올라가면,
사냥을 한답시고 슥 나타날 때가 있어서.
정확히 뭔지는 모르고?
망원경으로 자세히 본 게 아니라서.

솔개는 무척 희귀하진 않지만
그렇게 흔한 새가 아니에요!
그리고
멋짐

하지만 만약-만약!

그 녀석들이 새매 같은
아주 적은 개체수의
천연기념물이라면…!!!
캬하하
새매가 뭐지….

좋아 결심했어!

세준아!!!
네! 자기잉♡
그 새의 정체를 밝힐 때까지
나 여기서 너랑 같이 산다!!!
엑?

다들 여기 계셨네요?
금총각!
잉- 막금네
딸내미구만.
볕이 따가워여-

안녕하세요~!
어어~금총각~

올해 마지막으로
딴 수박이에요.
금총각이 칼 가져오면
잘라드릴게요.
쪼쪼쪼
또 가져왔어여?
고맙네~

이 양반은 어제 본
그 양반인가?

아 예! 지은이
애인입니다.
안녕하세요!
꾸벅

아이구야-
애인이 있었어여?
나는 우리 조카랑
짝지어줄라 했는디-
썩을.
양심이 있어야지-
그놈을 시방
어디라고 디밀어-
쾅

왜여-
잘 어울릴 것 같은디-
뜨악
야는 스무 살.
갸는 오십 살! 반백!
그런 웃기지도 않은 소린
아예 꺼내지를 말어!
아유아유-
그만해여 그만!

방금 그 말은
신경 쓰덜 말고-
어때여? 이사 오니께?
따로 불편한 건 없고?

네. 불편한 건 없어요.
우리 마을도 마음에
들고요. 하지만-

가장 가까운 이웃이랑
사이가 그다지 좋지
않아서 걱정이에요.
그게 누구여?

저희 산 바로 밑에서
농사짓는 부부요.
마을 분들하고 사이가
좋지 않은 것 같던데요?

어어- 반대편 골짜기에 사는
그 외지인들 말이구먼.

에? 외지인이요?
아니 제가 말하는 사람은-

부인네는 코가 뾰족하고
남정네는 상구 검은 옷만
입고 다니지여-
위잉

그 사람들이…
원래 이 마을에 살던
주민이 아니라고?!
마을에 온 지
20년쯤 되었나?
자기 왜 그래?
그 외지인들은
그때나 지금이나
마음에 안 들어.
멍~

60화 소문
짹 짹

가만 보면 낯짝이 꽤 두꺼운 사람들이여.

작년에 그 집 영감 갔을 때도 부조 한 푼 안 했지여?

뭘 기대해여?
그 사람들이 언제는 그런 걸 냈남.

돈 긁어모으는 게 중요한 게 아니여.
인품을 갖춰야지. 암.

같은 외지인인데 왜 우릴 싫어할까…?

근데 요 몇 년간
가세가 많이 기운 것 같다고
하지 않았어여?
휙
휙
멍~
흠...
이사온 지 20년이나
지났는데
외지인이라고 하는 건
이상하지 않나요?
저어-
척
긁적
이봐 총각.
내 이야기를
더 들어봐봐여.

내가 몇 해 전에
너무 급해서리
그치들한테 돈을
빌리러 갔거든.
그런디 글쎄,
들은 척도 안 하드라니까여?
끼익
쾅
나이 많은 사람이 쪽팔린 거
무릅쓰고 부탁했는디
우째 그럴 수가 있어여?
으미-
쪼잔한 사람들~
위이잉~

안 좋은 일이 있으셨던 건
알겠어요.
전 마을에 대해 모르는 게
더 많으니까….

다만 걱정이 돼서 드리는 말씀인데요.
지은이도 쭉 외지인으로 보실 건 아니죠?!
착
20년씩이나 걸리면 안 돼요~!
….
깔 깔 깔
아이구-야 지금 자기 색시 될 사람이라고 챙기는 거지여?
홍홍홍
오메~ 남사스러버라~!!
드 헉

맞아요.
예쁘게 봐주세요~!
고만해-
살포시
아가.
혹여라도
그런 걱정은 말어라.
그려-
막금네가 외지인이라니
되려 우리가 섭섭하지여.
우리한테 을매나
잘해주는디-

그날 저녁

아까는 괜히 왜 그랬어
지금도 이웃들이랑 잘 지내고 있는걸.
미안, 내가 좀 오버했나?
예쁘게 봐달라고 할 땐 좀 오글거렸달까-.
그게-
외지인 이야기가 나오니까 자기가 약간-
평소에 고민을 시작할 때 그 표정이 나오잖아.
휙
윽… 그동안 많이 간파당했군-

자기도 영영 마을 사람으로 인정받지 못하는 게 아닌가
그런 고민을 하는 것 같았거든.
그렇다면 나도 도와야겠다고 생각했지.
그렇구나. 그건 고맙네.
그치만 걱정할 필요는 없을 것 같아.
응. 아까 할머님들 말씀 들으니까
같이 산 시간이 문제는 아닌 것 같더라
…사실 난 이제 어느 집 딸인지 아시는 것만 해도…
충분히 인정받은 기분이라서….
이젠 자기소개 안 해도 돼…
그…그런 고충이
게다가 내가 고민하고 있던 건 좀 달라.
삐꾹 -
그래? 뭔데?

같은 외지인인데
왜 우리를 그렇게
싫어할까….
하긴 그러네.
같은 처지에 서로
의존할 수도 있을 텐데.
이모부네가 마을 사람과
혈연 관계라서 그럴까?
먼 친척이라도 덕분에
도움을 받고 있잖아.
그럴 수도 있겠다.
한 통속이라고 생각할지도.
그나저나 엄청나던걸.
할머님들께서 말씀하신-
정말 드라마에
나올 것 같은
이야기야.
'소문' 말이지? 그 당시에
떠돌았다던….
솔직히 난 믿기지
않던데….

그 사람들이
이사온 다음부터
'이상한 소문'들
이 돌았었지.
별로 근거 없는
말 같았어?
그 사람들 성격이
고약하다며.
이 마을에 온 후로
처음 듣는 이야기야.
좋은 인상을 가지지 못한
건 사실이지만.
함부로 그렇게…
넘겨짚는 건….

게다가 마치
약주 한잔할 때마다
매번 상에 올라오는
안주거리처럼 말씀하시던걸.
오랜 시간 동안
부풀려졌을 수도
있겠구나.
응.

어휴- 귀농도 정말
힘들겠어-
안 그래도 챙길 게
많은데
이 작은 마을에서
이웃들과의 관계를 이토록
신경 써야 하다니~
그래서 전문가들이
그런 부분의 조언을 많이 해.

땅부터 사지 말고
먼저 집 빌려 살아보라.
외곽으로 가지 말고
마을 한복판에서 살아라.
다 이웃들과의 관계가
중요해서 하는 말이거든.

하긴 어딜 가나
인간관계가 제일 힘들어.
후
기억 나? 나 마지막으로 했던
아르바이트 가게 동료?
아 그 인간!
아직도 생각만 하면
화난다!!

그래…
그들이 여기 온 시절을
생각해보면…

어쩌면 내가 모르는
다른 사연이 있었을지도 몰라…

61화 트리오 결성

세준이가 방금
만든 거예요.
내 건
수박 주스.
난 우유는
별로라

산에 가던
중이에요?
쭙
맛있다
결심을 했으면
행동에 옮겨야죠!

아- 같이 가요!
수박밭 부직포
걷어야 해서.

이번엔 뭐
심을 거예요?
에?

음, 가을부턴 어른들이 다시
수박밭을 쓰실 것 같아요.
김장채소랑 이것저것
심을 게 많대요.

그럼 남은 수박 줄기들이
곧 갈리겠네….
흐음…

올라가면서 기념으로
찍어줄게요!
우왓 고마워요!

난 하반기엔
세준이랑 이것저것-
상품화나 마케팅,
판로 같은 걸
연구해보려고요.
든든한 동업자가
또 생겨서 즐거울 것
같네용~
반짝
아 그거
혹시 나?
같이할래요?
그러지 뭐
말도
놓자

우선은 '스토리텔러'
화가
후두둑
기록자

대략 이렇게 역할을
나눠볼까 하는데
어때?
농업을 다루는 그룹 치곤
특이한 역할분담인데?

사실 이건
소비자들한테 어필
할 수 있는 중요한
수단들이야.
사과…
백설공주?
'이야기'
'이미지'
백설공주도
탐나

그리고 신뢰-
작업과정을 공개해서
제품에 대한 믿음을
준다는 거지?
응! 맞아!

그럼 우린-
지금부터 대화를 훨씬
많이 해야겠다!
딱
응?
상품에 담고 싶은
가치까지!
널 알려줘! 네 생각!
네 계획!
그럼 내가 사진에 뭘
더 집중해서 담을 건지
감이 올 거 같아!
사진에서도 네 이야기가
느껴지면 더 좋지 않겠어?
와 그렇게까지
힘써도 괜찮아?
후후- 새로운 도전은
언제나 환영이야!
ㅋㅋ
난 동물 전문이지만
식물을 찍는 것도
재밌을 것 같아~
우리가 실수하는 모습도
담기면 재밌겠다!

아!!
먼저 올라갈래?
나 잠깐 볼일이 생겨서
알았어.
저녁 때 보자.
산 밑까지 외길이야!
OK!
아저씨!

그 부부 말이에요.

누구?

마을 사람들이랑
사이 안 좋은…

어어… 그래.

소문?
어떤 소문?!

…하-
그게요….

할머니-
어떤 소문이
돌았었는데요?

생각해봐여-
남녀 둘이 사람도
잘 안 다니는 골짜기에
자리를 잡았는디-
남자가 도시에 나가서는
주말에만 드나들어.

…
주말부부였나요?

주말부부란다~
야들이 너무
순진하구먼-
혼자 지내는 여인네가
집 안으로 숨기 바쁜 거여!
그럼 뭐겠어여?!
이사온 지 한참인데
얼굴 한 번 안 비춰서
궁금해 찾아가면
덜컹
덜컹
여봐여!
어이구 답답햐-
불륜 아니여 불륜!
드라마에서
못 봤어?
불륜?
생각해봐여-
떳떳하지 못하니께-
얼굴을 못 들고
숨어드는 것이지!

그래서 몇 년 뒤에
남자가 정착하고,
두 사람이 모습을
드러냈을 땐-
다들 손가락질하며
욕하고 피했다고…
조강지처를 배신한
년놈들이라면서…
세상에…
애한테 별 얘기를
다….
그 얘기
부모님한테도 했니?
아니요 아직
잘했다….
무분별하게
소문을 퍼나르는 건
무책임한 짓이야….
뭔가 더 판단하기 전에
부디-
내 말을 들어보렴.

62화 방관자

그 부부가 마을에 온 건,
20년쯤 전이었다.
외지인?
새벽녘에 일하던 사람들이
이삿짐을 실은 낯선 차가
들어오는 걸 봤대여.
근데 왜 그 으슥한 데에
자리를 잡았대?
마을에 빈집도
많은데.
꿀꺽

그집 현수네 아저씨 돌아가신 이후로 쭉 비어 있었지?
현수가 팔았나?
나도 몰러-
말만 친구지~
서울에 대학 간 이후로 연락 끊은 지 오랜디.
체-
사람들은 그들이 오래 머물 거라 생각하진 않았단다.
살러 온 것 치곤 이삿짐이 너무나 적었으니까.
부르주아라든가, 뭐 그런 거여서 별장을 하나 고쳐 짓나 보다.
그렇게 여겼지.
뭐 마을이랑 좀 떨어져 있긴 해도 그 집이 산세 하나는 끝내주거든.

그럼 이사 온 당시에 직접 그 부부를 만난 사람은 없나요?
글쎄, 다른 사람은 어땠나 모르겠네.
마을 아주머니들이
감자바구니 같은 걸 들고 찾아간 적은 몇 번 있었지.
그 얘긴 들었어요.
매번 허탕이었지만.
네에… 그것도 들었어요.
그렇지만 난 몇 번 얼굴을 스친 적이 있었어.
새벽이나 한밤중에 가끔.
보통 그 시간엔-
제정신이 아니어서
정확히 기억은 안 난다만.
제정신이 아니라면…?

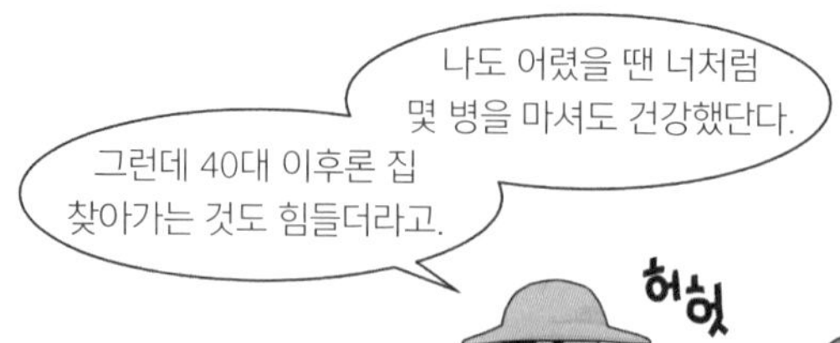
나도 어렸을 땐 너처럼
몇 병을 마셔도 건강했단다.
그런데 40대 이후론 집
찾아가는 것도 힘들더라고.
허헛

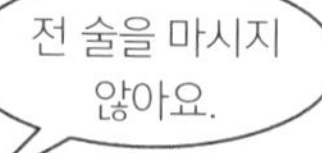
전 술을 마시지
않아요.

어쨌든, 내 희미한
기억에 따르면, 그래.

그때 남자는 세상 근심을
다 떠안은 사람처럼 보였고
여자는- 그 여자는 반대로 세상을
다 놓아버린 표정이었다.

혹시 많이
아팠던 건
아닐까요?
나도 추측만 할 뿐이야.
이후에 확인해본 적이
없어서 말이다.
흠...

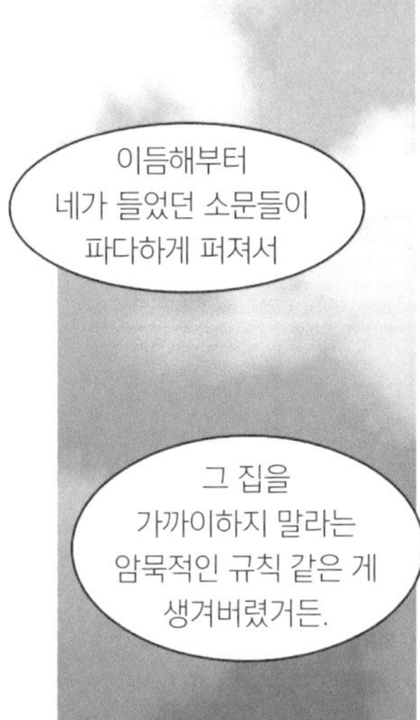

이듬해부터
네가 들었던 소문들이
파다하게 퍼져서
그 집을
가까이하지 말라는
암묵적인 규칙 같은 게
생겨버렸거든.

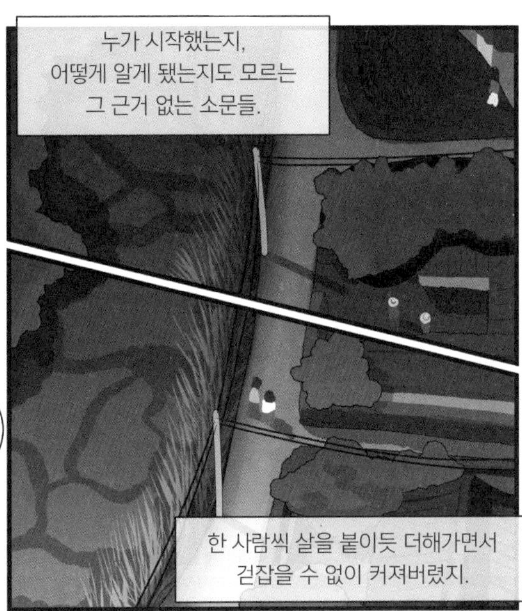

누가 시작했는지,
어떻게 알게 됐는지도 모르는
그 근거 없는 소문들.
한 사람씩 살을 붙이듯 더해가면서
걷잡을 수 없이 커져버렸지.

거기서 사실이라고 할 만한 건
직접 목격한 것들뿐이야.
남자가 주중엔 나가 있다가
주말에만 돌아온다는 것.
여자는 사람들을
만나려 하지 않는다는 것.

그걸로 뭘
확신할 수 있겠니?
그렇군요…
역시 믿을 만한
소문은 못 되네요.

그래. 하지만
그 위력은 너무 강력했지.
너무… 가혹했지.
….
몇 년 만에 마을에 모습을 드러낸 그 사람들에게 우리는
그동안의 소문을 수근거리며 따돌렸다.
그들이 정말 어떤 사람인지 그런 건 더 이상 상관없었지.
알려고 하지도 않았어.
나도… 그렇구나….
그런 말을 들었을 때 어떤 기분이었을지 상상도 안 가요.
하지만 왜 지금껏 그걸 견디며 남아 있는 걸까요?
저라면 금방 마을을 떠났을 거예요.
글쎄-

그래서 나도 당시에 많이 놀랐단다.
그런 일이 있었는데도
얼마 후 남자마저 완전히 정착해
독학으로 농사를 시작하더구나.
현수가 밭도 팔았냐?
운이 좋았는지
한땐 우리 마을에서 제일
부자가 되기도 했지.
다들 부러워했어.
할머니들한테
돈을 안 빌려준 것도
당연하네요….
솔직히 좀
고소하기도 하고.
아… 불쾌하셨다면
죄송해요.
그렇게 말해도
이해해.
그런데 좀 의외네요.
아저씨도 그 부부를
좋아하지 않는다고
생각했는데.
하- 그래….
턱
난 그 사람들이 싫어.
그건 부인할 수가 없어.
슥

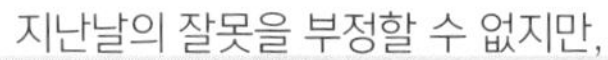

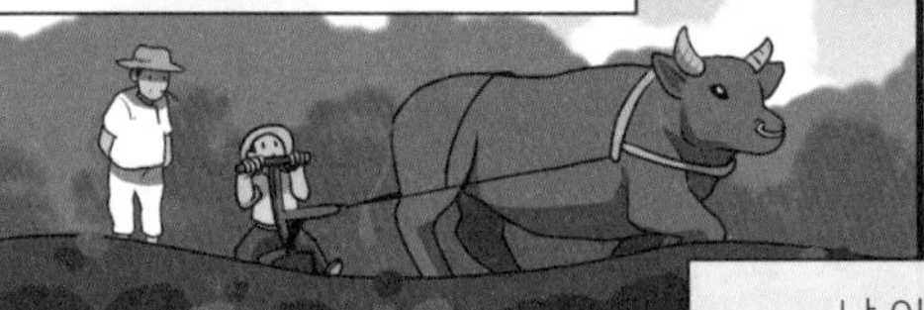

난 이곳에서 태어나 쭉 살아왔어.
그래서 마을이 사라지게 두고 보고 싶진 않아.

그래서 날 방해하는 그들이 싫다.

…우리가 외지인에게
너무 빨리 마음을
닫아버렸던 게 아닌가
생각하지….

십 수 년 전
아-안녕하세요?
?!
아-예에….
야야- 말 섞지 말어-
형님 그- 맞지여?
쑥덕
그랴-
임자 있는 놈이랑 바람난-
쑥덕
낯짝을 우째 들고
나타났다냐-

아저씨!
그거 맛있어요?
애들은 저리 가라~
꼴깍
꼴깍
슬금..

그럼 남자는 완전히 이혼한 게 맞긴 맞어?
그건 그렇고 왜 이제 와서 친한 척이여?
쑥덕 쑥덕
!
꼬마야 안녕-?
??
몇 살이니?
아줌마 나쁜 사람 아니야….
움찔
거짓말… 나도 다 알아-
꽈악
아줌마… 그 아줌마 맞죠?
엄마 아빠가 나쁜 사람이랬어!

나한테 손대지 마요!!!
벌
떡
!
타악
으으…
히익!!!

흐아앙!!!
저-저놈이…!

저-저기…

63화 우상의 책

우린 의심했고, 때론 거만하게 굴었다.
비단 그 부부뿐만이 아니야.
평화로운 시골살이를 기대했던 많은 외지인들이
이웃들의 간섭과 등쌀에 괴로워하며 돌아갔어.
그럼 우린 '외지인은 근성이 없다'느니 하는 또 다른 편견을 가지게 돼.
오랫동안 그 과정을 겪어보니 알겠더구나.
이래선 더 이상 가망이 없다는 걸.
소통은 사라지고 앙금만 남게 된다는 걸 말이야.

그들에게 사과하려고 여러 번 생각했는데-
쉽사리 용기가 나질 않아…
너무 오랜 시간이… 지나버렸고….

후…

듣고 나니 우리 마을이 좀 싫어지지?
마음이 복잡 심란하네요.
끙…
하하…

글쎄요… 하지만 우리 가족한텐 다들 친절하시니까-
블루베리야

괜히 처음부터 이것저것 갖다 드리라고 한 게 아니란다.
나도 노하우란 게 있거든.

그러면서 꾸준히 눈도장을 찍는 거지.
호의적인 인상도 심을 수 있고.
나도 귀농하는 사람들을 도우면서 수립한 전략이다.
덕분에 많은 도움이 됐어요.
지금은 다들 예뻐해주시고.
어어~ 하지만 예쁨받는다고 방심해선 안 된다!
잇속이 엮이면 사람 마음이
언제 어떻게 돌아설지 모르는 거야.
혹시 그런 일이 있더라도 너무 당황하진 말고.
널 딱히 미워하는 건 아니니까.
네-네에…?

나도 다시 일하러 가야지!
왓-

어쨌든, 그 사람들이 외지인이란 걸 얘기 안 한 건 미안하구나.
아뇨, 그 점에 대해선 좀 놀라긴 했지만 괜찮아요.

외지인이랑 사이가 좋지 않다고 하면
여긴 그런 마을인가 보다 하고 도망가지 않을까 생각했어.

갈등이 생기더라도 너희 탓이 아니라고 말했어야 하는데.
다 나 때문이라고- 나랑 친해서-

다 내가 미숙한 탓이다. 주민을 유치하는 데만 급급해서-
마을의 치부를 숨기기나 하고….

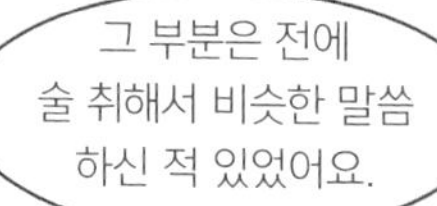

그 부분은 전에
술 취해서 비슷한 말씀
하신 적 있었어요.
마을 사람들과 모두
사이가 좋지 않은데다
저희로선 어쩔 도리가
없는 일이라고.
기억 안 나세요?
으억-억-으익?

사실 의문이 생긴 것도 거기서부터였죠.
도대체 무슨 일이 있었던 건가 해서요.
외지인 얘기까지 들었을 땐 정말이지 뭔가
납득이 갈 만한 설명이 필요했어요.
근데 들어보니 저 사람들은
우리가 같은 외지인 출신이란 건
구태여 따질 필요도 없었겠어요.
웬수 같은 술….

여하튼 어려운 얘긴데-
감사해요.
아니야 자랑스러운
일도 아니고….

아빠한테 내일 술이나
한잔하자고 얘기해주렴.
이번엔 딱
한 잔만 해야지….

네! 그럼 올라가볼게요!
그래 잘 가라!

과거에 그런 일이
있었구나-

충격이지….

이거 참-
나도 모르는 사이에
그런 불편한 관계 속에
발을 들여놓다니~.

우리랑 관계없는
과거의 일 때문에
괜히 미움 받는 것
같아 억울하고
짜증도 나는데
한편으로는 좀 그 부부가
안쓰러워졌어….

후
후아

약해지지 마.
어떤 뒷이야기가 있더라도
우리한테 성가시게
구는 사람들인 건
변함없다구.
역시 그렇게 생각하는 게
맞는 건가?
하지만 감정이
너무 복잡해….
몰라 머리 아프다.
천천히 생각하자.
할 일도 많은데….

참! 아빠!
아저씨가 내일도
술 한잔하자시던데!

….
???

톡톡

아빠가 요즘 심각해.

왜? 뭐가?
자신감이 없어진 것 같아.
지난번 원두막 사건 이후로.

본인은 나름대로
잘 지었다고
생각했는데 말이지.
응. 모양은 꽤
그럴싸했지.

근데 비도 계속 새고,
고쳐야 할 부분도 하나둘씩
보이나 봐.
아-

게다가 저번에
주원이 할아버지한테
말하는 걸 들어보니까.
자네들 집은
어떻게 되고 있어?
직접 지어도 설계도는
맡겨야지.

생각 중이에요. 사실-
제가 잘 할 수 있을지 모르겠어요.
너무 스트레스 받으면 전문가한테 맡겨- 농사하기도 바쁜데.

소-솔직히 난 네 아빠가 그렇게 느끼는 게 다행이다 싶어-

평생 처음 짓는 집 나도 예쁘고 튼튼하고-
난방도, 환기도 잘 되는 좋은 집에서 살고 싶단 말이야!
각종 벌레 출몰하는 막 지은 이런 집 말고오~!!

아빠를 못 믿는 건 미안하지만
나도 그래.

네 생각은 어때?
이제 슬슬 건축사무소에 가보자고 해도 고집 안 부리겠지??
잠깐만, 엄마. 그전에 내가
아빠 마음을 완전히 돌려볼게!

야 어디 가! 뭐 할 건데?

부스럭
부스럭

여깄다.

아빠?
왜?

이거 저번에 산 책인데,
건축 과정이 잘 정리되어 있어서-
읽어볼래?

나 아직 다 못 읽었는데
아빠가 원하면 먼저
읽어도 돼.
스윽
아 맞다-
책은 요약해달라고
그랬지?
그럼 며칠 후에
내가 밑줄 친 부분만
읽어도 되겠다.
아니야 이리 줘!
다 읽으면 엄마한테
넘겨줘~
알았어.
오오!!

64화 달인의 자세

정말이지 못 듣는 거야
안 듣는 거야?
슥
위잉

뿌웅

아으윽
정마알!!!
슥

꺼억-

가지가지 한다!!

다녀왔어~
야 잘 왔다! 환기 시켜 환기!!
환기?
쿵
으악!
말벌 들어왔다!
웨엥
홱
홱
홱

창문으로!
유인해!
우당
까악 엄마 창문에
바퀴벌레 있어!!!
탕탕

헥헥
벌레 싫어..

평온

도대체 아빠한테
무슨 책을 준 거야?

이런 난리통에 혼자서만
미동도 없이-

흐흐흐-
역시 아빠의 마음을
사로잡기에 충분했군.
저렇게 책에 집중하는 거
엄만 처음 봐.
지난번에도 네 정성을 봐서
겨우 다 읽은 것 같던데
이번엔 뭔가 달라!
저건 말야~
아빠의 우상이 쓴
책이거든!
작가가
누군데?
달인!
달인이라면-그-
개그를 정복하고 일찌감치
정글로 뛰어드신 그 달인?!
!!

과연… 맥가이버가 되고 싶은
아빠의 롤모델로는 그만 한
사람이 없지.
정글예능도 본방을
놓치는 일이 없으니.
끄덕

하지만 달인이
집 짓는 이야기라면 더
따라 하려고 할 텐데?
소곤
소곤
건축은 달인에게 새로운
도전이었고, 그는 본인의
능력을 과신하지 않았어.
모르는 부분을 인정하고
전문가들과 협업했지.
후후후- 엄마.
두고 봐.
그렇게 단순한
내용이 아니야.

뭐 좋게 말하자면, 달인의
겸손함을 배우자는 거고.
내 꿍꿍이는 자신감을 잃어가는
아빠한테 직접 집을 안 지어도
괜찮은 이유를 마련해주는 거야.
은근히 능구렁이 같은
구석이 있네….

근데 그건 뭐야?
아 이거-

수박 푸딩이랑 젤리.
먹어볼래?
탱글

아으 난 그런
느물느물한 건 싫어~
다른 건 없어?
으으…
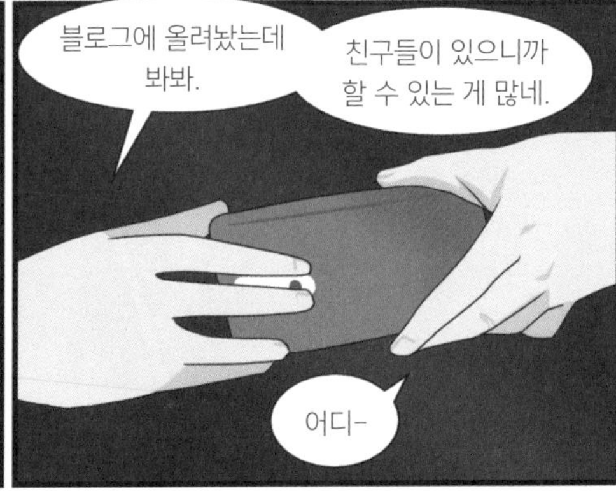
블로그에 올려놨는데
봐봐.
친구들이 있으니까
할 수 있는 게 많네.
어디-

오 끝내주는데-
진희는 동물사진만
찍는 줄 알았더니-
역시 전문가라
달라~
그치?

그래서 이런 걸
프리마켓에 나가
팔아보겠다는 거야?
준비가 되면.

그럼 시장조사도 미리미리 해야겠네?
음- 하면 좋지?

그럼 나! 나한테 해!
내가 다 맛볼 수 있습니다!?

사 먹어.

근데 너 엄마 농원에서 나오는 재료로 만들 생각이잖아?
윽! 어떻게 알았지!

탁

뭐야~? 물건을 정당하게 만들려면 재료 값을 제대로 지불해야지!
총
총

그런 걸로 협박을 하다니~!!!
엄마답군!!

잠깐 잠깐, 내가 중대한 결심을 했어.

건축을 전문가에게 맡기는 걸로
마음이 좀 기울었어.
???
Yes!
히힝

왜 그렇게 기뻐하는 거야?
이건 한편으로 아주 슬픈 일인데.
아빠한테만
슬픈 일이야.

그러나 방금 달인의 책을
완독한 뒤 깨달았지.
모르는 것을
인정하는 자세를!

처음에 난 집 짓는 게 쉽다고 생각했다!
혼자 해낼 수 있다고 믿었어!
그래. 아빠만
그렇게 생각했지.
어디서 그런
자신감이 나왔는지
몰라.

하지만 계획을 세우고
정보를 알아갈수록…
실전을 접할수록
난 점점 자신감을
잃어갔고…!
그런 내게 달인은 보여주셨다!
능력자임에도
함부로 아는 척 허세를
부리지 않는 자세를!

겸손하게 전문가들과
협력하고
그만큼 훌륭한 주택을
만드신 것이다!!!
오오!!!
오오~

내가 못 하는 걸 인정하는 건
전혀 부끄러운 일이 아니야!

흡
그러니까 국진 씨와
다시 의논해볼게!
어쨌든 정말
다행이구만.
저녁
뭐 먹을래?

65화 설계사 찾아 삼만 리

아빠의 결심으로
집 짓기는 새로운 국면을
맞이했습니다.

어른들은 건축주 세미나를
찾아가 듣기도 하고

근처에 새로 지은 집이나
건축 현장을 직접
찾아가보기도 했어요.

생각보다 많은 분들이
친절하게 집 구경을
시켜주셨어요.
지으신 집이 저희가
원하는 모습이랑
정말 비슷해서요.

죄송하지만 혹시 구경 좀
시켜주실 수 있나요?
집이 정말 예뻐요~!

곤란합니다.
돌아가주세요.
네. 갑작스레
죄송했습니다.

낯선 이에게 집을 보여주는 건
물론 쉬운 일이 아니지만.
나 너무
험상궂게
생겼나…?
다음엔 당신이 해
너무 긴장돼….
오구오구

여러 건축주들을
만나면서 알게 된 건
우와- 이 벽난로
정말 멋지네요!

대부분 상당한 만족감을
가지고 산다는 거였어요.
발품을 좀
팔았어요.

하나하나 설명을 들을 때마다

이 집 모든 곳에 집주인의 이야기가
스며들어 있다는 걸 알 수 있었죠.

오옷! 지중해풍 로망을 아시는군요!!
제가 그걸 위해 지붕 기와를 한 달이나 공들여 골랐답니다!!
어쩐지 때깔이 곱더라~!!
어떤 기와인지 알려드릴까요?!
이런 게 지중해풍이구나-
딱히 지중해에 살아본 적은 없지만서도-.
만족입니다 ~
아 참, 이거요.
정말 감사합니다.
갑자기 들렀는데 차도 대접해주시고.
저희도 집 지을 때 많이 보러 다녔거든요.
아 그 벽난로 회사 명함이군요?
관심 있으신 거 같아서 찾아왔어요.

예쁜 집 지으세요!
도움이 많이 됐어요!
행복하세요!

으아 피곤하다-
오늘만 해도
몇 집이냐-
흐암~

아- 너무 부럽더라.
우리도 얼른
그런 집에 살면 좋겠어.

근데 그런 집을 짓기까지
챙길 게 어마어마하게 많네.
생각보다
골조도 다양하고
공정도 많고 자재도
일일이 결정하고
오늘 만난 사람들
다 대단해 보이던걸.

넌 뭐가 맘에 들어?
노출 콘크리트도 은근 많더라.

난 목조가 끌리는데 겉으로
보기엔 뭐가 좋은지 티가 안 나서
장단점을 알아봐야
할 거 같아.

목조주택은 잘 타지 않을까?
불 나면.

골조라는 게 어차피 벽 속에서
뼈대 역할을 하는 거라 직접 불을
맞닥뜨릴 일이 적고
내화성이 좋은 자재들로
그 주변을 보완하기 때문에
괜찮대.
아까 두 번째 집
아주머니가 그랬어.

아까 그분이 시공사
명함도 주셨지?
응.

그 이후로 우리는
소개받은 건축사무소들을
방문하며

마음이 잘 맞는
설계사를 찾아보기로
했습니다만….

여기가 마지막.
차 대접해주신 그 집에서 추천한 곳이야.
클럭
다들 힘내! 나이에 지지 말라구!

건축
흐읍

끼이익
계십니까아

네- 어떻게 오셨-

슈
욱

풀썩
깜짝
어요오!!!???

상담하ㄹ-
피곤

아 저기 그게-

툭

저기 건축상담 하러
왔는데요…
하하하

66화 설계사

죄송합니다.
많이 놀라셨죠?
요 며칠 쉴 새 없이 건축사무소를
돌아다녔거든요.
다행이네요.
정말이지 철렁했어요.
아~
그래선지 갑자기
온몸에 힘이 쫙-
덜덜덜
덥기도 하고요.
그럼 잡담은 그만두고
바로 상담에 돌입하죠!
척
이런 날에는 쉬엄쉬엄
다니셔도 될 텐데-
앗 혹시 많이
급한 건인가요?
아뇨! 딱히
그런 건 아닙니다.

9월 되면
농사일이 많아져서
시내에 나올 시간을
못 낼 것 같거든요.
긁적
하긴 읍내면 몰라도
문경 시내까진.
비나 오면
모를까.
아- 우천시엔
밭일은 그나마
쉬시는 거군요?
여러 모로 비가
유용하겠네요.
어 그럼- 이제 기운 좀
차리신 것 같으니까
여기 제 명함입니다.
전 건축설계 담당-
번쩍
콰과광

드르륵
어이구
갑자기 웬 비-
요샌 여름이
너무 길다니까.
사장님 방금
뭐라고 하셨죠?
아아- 그러니까-
저는 건축설계를 담당하고
있는 강요셉입니다.
번개에 놀란 것
같은데….
토목설계 담당은
지금 출장 중이라
자리에 없어요.

곧 만나실 수
있을 겁니다.
네. 저랑
의논하시면 됩니다.
딸꾹
딸꾹
아 그럼 집 내외부는
사장님이랑 의논하면
되나요?
그럼 각각 단독주택
한 채씩 의뢰하시려는
건가요?
네. 그런데 몇 년 후엔
다섯 채까지 늘어날 거라
터를 잘 잡아야 해요.

그렇군요.
그럼 규모는
어느 정도로-?
30평 미만으로요.
대가족이 살 게 아니라서,
30평 미만엔
세제 혜택도 있고요.

네 그렇죠.
저도 그래서 30평 미만을
많이 추천드립니다.
하지만 그렇게 단층으로
하시는 경우에도 대부분
다락-
!
넵! 다락방은 꼭
지어야 합니다!!!

다락방을 향한
벅찬 기대가
느껴지네요.
어릴 적부터
꿈이었거든요.

그런데 혹시
알고 계신가요?
다락방에서도 전기
사용은 가능하지만-

난방이나 수도시설은
이용이 불가능하답니다.
에에?

어머 너
그건 몰랐구나?
난방이나 수도를
설치하면 다락이 아니라
2층이 되어버려.
그럼 겨울엔 추워서
어떻게-
코타츠라도 놓을 테니까
다락방은 꼭 넣어주십셔!!!
아유
더워
하하하
아 사실, 다락방을 제외하면
그다지 복잡한 구조를
원하는 건 아니에요.

괜찮으시면 지금까지 저희가 모아둔 사진 자료를 보여드려도 될까요?
네 물론이죠.
슥

콕

실례지만, 사장님 단독주택 건축설계 경험이 얼마나 되셨나요?

글쎄요- 시작은 대도시에서 했고요.
아내 직장 때문에 문경시로 옮겨온 지도 꽤 됐습니다.

그때부터는 쭉 단독 위주로 설계했고요.
10년 정도 됐을 거예요.

사실 저보다는
파트너가 여기 토박이라
경험이 더 풍부해요.
사장님
여기요.
네. 한번
보겠습니다.
딸깍
일단 어떤 스타일의 외형을
원하시는지 딱 보입니다.
음~ 준비를
많이 하셨군요-
네에! 지중해풍이요~!

저는 모던한 느낌이 좋아요.
불쑥
신경 쓰지 마세요. 돈은 제가 낼 거니까요.
다락방도 감지덕지해야지.
사람이 욕심부리면 큰일 난다.
게임 화면 캡쳐한 거에요.
건축해볼 수 있는 툴이 있어서 도움이 될까 하고-
엇 이건 뭐죠? 3D 그래픽 같은데
꽤나 정교하네요~
하긴 저도 게임 해본 지 너무 오래돼서.

보면서 차근차근 설명해드릴게요.
일단 예산은 대략-
탁탁
지도 보시면 위치가
산 밑이라서 비탈이-
경사가
어느 정도 되나요?
쏴아
네. 전기설비는
아직 산에 없어요.
툭
툭
수원은요?
여기 제 포트폴리오예요.
우선 비슷한 외형으로
보여드릴게요.

그날 밤 건축사무실
딸깍
격세지감이야.
게임 그래픽이
이렇게 좋아졌나?
엇-이-이건!!!
아 피곤해- 깜깜하게
불도 다 끄고 뭐하냐?
야야! 이리와 봐봐!
너 봤냐? ☆게임 리마스터
버전이 나왔대!!!
뭐 정말???
와아- 한글이다… 음성도
한국어래? 신기하다-
기억나? 어렸을 때
PC방에서 이거 하느라
밤새던 거.
그런 의미에서 자네.
나의 도전을 받아주겠나?
훗
가소롭다.
녹슬지 않은 실력을
보여주지!
야근했어요?
오늘은 왜 다들
비실거려요….
열정은 그대론데
체력이 안 돼….
피곤

설계사와 시공사 선정

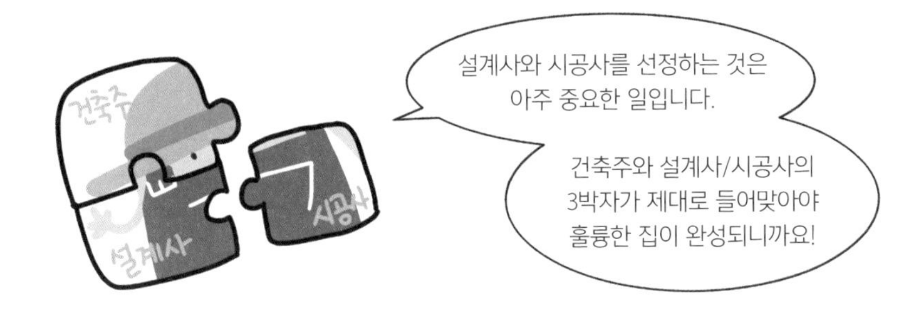

● 왜 설계사/시공사 선정이 중요한가?

작은 단독주택일지라도 '건축'이라는 과정 자체는 수 많은 사람들의 손을 거치며 완성해야 하는 일종의 거대한 프로젝트입니다. 그러니 소통이 되지 않거나 전문분야가 다르면 예측 못한 문제가 벌어지고 그것이 곧 집의 결함으로 이어질 수도 있겠죠.

설계사가 하는 일
- 현장 방문/건축 가능성 검토
- 건축주와 상의하며 설계도면 작성
- 건축인허가 처리
- 시공사와 협의하며 건축 상황 확인

시공사가 하는 일
- 건축주에게 견적서 제공
- 설계도면에 따른 시공작업
- 추후 A/S 담당 및 그에 필요한 관련 서류 제공

● 건축주가 설계사/시공사 선정에 주의해야 할 점

- 설계사/시공사의 전문분야가 내가 짓고자 하는 집과 부합하는가?
- 비전문가인 건축주와 소통이 잘 되는 사람/그룹인가?
- 설계사/시공사의 이전 작업물(건축물)에 심각한 결함은 없었는가?
- 시공사의 경우 A/S가 잘 이루어지는 곳인가?

농가주택과 지원/혜택

● 농가주택의 조건

1. 농업인의 요건을 갖춘 사람이
(*이 항목에 여러 가지 요건이 있음: 일정 규모/기간 이상 경작, 일정 이상의 농업 수입 등)
2. 농촌에 전입해 농지원부 작성/농업경영체 등록을 한 뒤
3. 세대주가 부지 660㎡ 이내로 건축

● 각종 세제혜택을 받는 조건/혜택

조건: 농가주택 건축면적이 100㎡ 이하인 경우

혜택

1. 취득세/재산세 절감
2. 일반주택/농촌주택 1채씩 소유 시 일반주택(소유기간 2년 이상)을 5년 내에 양도할 경우 비과세 혜택
3. 농지 양도/전용 시 각각 혜택이 있음

67화 현장 답사

반갑습니다.
들어오시죠.
아 감사합니다만-

비 그치기 전에
먼저 땅을 봤으면 합니다.

지금요?
비가 이렇게 오는데-
이게 오히려
도움이 될 거예요.

그럼 준비하고
바로 안내하겠습니다.
아- 개들도
데리고 가나요?

아니요. 비 때문에
집에 있을 겁니다.

번개만 무서워 하는 게
아니었구나….

쏴아

길이 생각보다 좁은데-
그래도 작은 포크레인 정도는
지나다닐 수 있겠어.
큰 것도 트럭에 실어서
옮기면 돼. 레미콘 같은 건
문제가 되겠지만.

전봇대는 이게
마지막인 것 같네.

원두막을 정갈하게
잘 지으셨네요.
훌륭한 솜씨인데요?

감사합니다.
모양만 그래요.

저번에 지도로 보여주신
집터 위치가-

그러니까 이 원두막
오른쪽인 것 같은데-
네 맞아요.

전망이 탁 트여서 좋네요.
주변을 한번 둘러보고
오겠습니다.

같이 갑시다.

물 내려오는 길이
보이시죠?
네.
산에서 내려오는 토사는
대부분 왼쪽으로 편중된 것
같습니다.
오른쪽 끝 편에도
가보죠.

쏴아아

사장님, 터가 정해지면 면에 도로연장 신청을 먼저 해야 설계가 가능하겠죠?
네?

콘크리트 포장 하시려고요?
제가 보기엔 그럴 필요 없을 것 같은데-

그럼 집터가 맹지가 되지 않나요?
아- 무슨 말씀인지 알 것 같네요.

잠시만요. 수첩이-
주섬
주섬

지목이 '도로'인 부분이 지금 저기까지 올라와 있잖아요?

네. 흙에 덮여서
잘 구분은 안 가긴 해도.
도로
50M
도로
그럼 집터는
저 도로에서부터 50m 이내에만
자리를 잡으면 됩니다.
하지만 말씀하신 대로
그것뿐이라면 이 대지는
맹지가 되겠죠?
진입로
그래서 설계할 때
진입로라는 걸 넣습니다.
이 진입로에 대지가
일정 부분 이상
접하면 되는 거죠.
그럼 진입로는 굳이
포장이 필요 없다는 건가요?
네. 흙길이어도
괜찮아요.

공사가 끝나고 준공허가를 받을 때
'이 부분이 길이다'라는 것만
확실히 알 수 있으면 됩니다.

뭐 여기까지라면
무료로 연장해주는
범위겠지만요.
번거로운 일을
굳이 할 필요
없겠네요.

그보다는 전기나 수원 쪽을
미리 의논하시는 게 좋을 것 같아요.
아-

한전에선 어느 정도까진
무료로 연장을 해주는데
아마 약간 추가 비용이
필요하지 않을까 싶습니다.

요셉, 사모님들.
일단 필요한 건
다 확인했으니까
내려가서 이야기
마저 하시죠.

겁이 많은 요셉 씨를 위한
격리수용…
과 독 시터….
위치는 좋습니다.
쿵
쿵쿵
킥킥
지형에 따라 현재,
이런 식의 물길이
형성되고 있습니다.
집터가 될 부분이 유속이 세다거나
토사가 많진 않은 것 같아요.
능선 뒤로
이 부분을 깎아내 평평하게
만들고 난 뒤,
뒤쪽에 축대를 쌓나요?
그렇죠. 산사태를
방지해야 하니까요.

왜 쳐다보는 거지….
흣
진입로는
어떻게 되나요?
만약 진입로를 하나로
이어서 내고 싶으시다면
먼저 한 채를 짓고,
준공허가를 받은 뒤에
진입로를 연장하며
다음 공사를 시작합니다.
연장
반면 진입로를 각각 따로 낸다면
모양은 좀 어지러워 보이겠지만
공사는 한꺼번에 진행할 수 있죠.
이건 여러분의 선택입니다.
도로
에이 그래도 한꺼번에
만들어서 들어가야지.
그렇지 그렇지.

다른 부분들은 설계 진행에
별 무리 없겠죠?
네. 지금까지는
그렇습니다.
그럼 계약서 작성하고
본격적으로 진행하면
될 것 같습니다.
여기 계약서입니다.
읽어보고 사무실로
방문해도 될까요?
물론입니다.
미리 연락만 주세요.
그럼 저흰 가보겠습니다!
오늘 고생 많으셨어요!
안녕히 가세요!

쿵쿵
쿵쿵
쿵쿵

진입로와 집터

● 진입로란?

1. 도로와 대지(집터)를 연결하는 역할을 하는 길
2. 진입로에 대지가 일정 부분 이상 접하면 건축을 할 수 있다.
3. 형태는 꼭 콘크리트일 필요가 없으나 '도로'라는 쓰임을 명확하게 알 수 있는 상태여야 한다. (흙길, 석분을 깐 길 등)

집터를 고를 때 눈여겨봐야 할 점들

땅을 사고 집을 짓다 보면, 왜 이런 단점을 구매 전엔 생각지 못했을까 하는 아쉬움이 생기는 것들이 있습니다. 그래서 다양한 땅을 다녀보고 마음에 드는 곳을 여러 번 방문하며 정보를 모으는 것이 중요하죠.

- 조망 - 일조량과 방향 - 풍향, 바람의 세기 - 급수, 배수 - 전기
- 편의시설과의 거리 - 도로상황 - 건축 시 큰 장비가 무리 없이 들어올 수 있는가?
- 우천/폭설 시 사는 데 무리가 없는가? - 인터넷 설치가 가능한가?…

68화 꽃차

오~ 드디어
영역다툼 시작인가?!
녀석들~
눈치가 빠르군!
그거 무겁지 않아?
얼른 내려놓자.
내 방에 들어오고 싶으면
한 발자국에 간식 하나!
크르르
뭐?! 이런 개사기꾼!
이런 놈이었어?!
택배 회사는 거의
정리된 거야?
데구르르
응. 앞으로 한 주에 2-3일쯤은
여기서 지낼 수 있을 것 같아.
잘됐어. 건축이랑 가을 농사 때문에
여기 일도 바빠질 테니까.
마지막 짐이야.
고생했수.

난 국진 씨랑
설계사님한테 가볼게.
오늘 첫 작업이니까.
음료수라도
갖다 드려-

참, 옥순아.
어제 한전에
전기가설 신청했어.
오- 언제
설치해준대?

국진 씨
갑시다.

후아-

무슨 문제라도
있으세요?
오셨어요?

GPS가 잘 안 잡혀서요.
현장 정보를 수집해야
하는데-
UFO다…
UFO다…

그래서 이리저리 돌아다니다
땀 좀 식히고 있었습니다.

산골짜기라서
죄송합니다.
그-그런 이유는
아닐 거예요….

그럼
아이스커피라도….
감사합니다!
원인을 찾아볼게요!

참, 오는 길에
경숙이한테 들렀다가
이거 받아왔어.

여름 꽃으로 만든 꽃차.
우와~!

음~ 좋다!
꽃을 덖어서 나는
이 향내가 참 좋아~

같이 배웠는데
얘는 지금도 엄청
열심이네.
넌 농사를 짓잖아.
바쁜데 뭘.
뭐? 가게라도
차린대?
응.
게다가 경숙인
그걸 본격적으로 해볼
생각인 것 같더라.
엇! 진짜?
1층 상가 임차인이
가게를 정리하고 나갔는데
그 자리에 직접
운영할 건가 봐.
근데 내심 우리
농원에서 꽃을
재배했으면 하는
눈치더라구.
키히~
오- 그런데
꽃차로만 승부가
가능할까?
꽃차 말고도 몇 가지
더 배운 게 있다던데?
본인이 아직 농사에 못 나서서
말을 망설이는 것 같지만.

오오오옷!!!
그거 정말 좋은 생각이다!!!
꽃으로 가득한 밭! 그야말로 내 어릴 적 꿈과 빼박!
빼박이 뭐야.
빼다 박았다고.
젊은이 용어 좀 배워.
이거 꽤 된건데
음- 그래!
그 꽃밭으로 조경도 겸하면 그야말로 멋짐이 빼박!!
그-그런 식으로도 쓰는 건가….
?
글쎄~ 고쳐줄 젊은이가 없어서 모르겠네.
후후

근데 꽃차용 꽃은 무척 깨끗한 환경에서 키워야 해.
그럼 농약이랑 거리가 먼 땅을 찾아야겠네.

졸루루~

아주머니~! 오늘도 무더운 시간에 주스가 찾아왔어요~!
어 세준이구나~!
이모님도 계셨네요! 미리 알았으면 더 만들어올걸~
남정네들 산에 올라가서 두 잔이면 충분해~
고마워 세준씨!

매번 고마워-
귀찮을 텐데 신경 써주고-
아뇨~ 다 농원 밭에서
얻은 걸로 만든 건데요.

누나는 아직
서울에 있나 봐요?

응 아직. 열심히
집 청소하고 있겠지.
헤-
오랜만에 서울 물도 먹고
좋겠다~!

그럼 전 할 일이 남아서
이만 가볼게요.
그래~ 진희랑
저녁 식사 때 보자~

계약하자는 사람
아직 없어?
그 집 꽤
괜찮은데.

음- 빨리 건축자금 마련하려고
다들 월세 낼 때 전세로 한 건데.
역시 경기가 안 좋은가
연락이 없네.
하아~

쓱삭
위이잉
그 시각 서울
슥
크으으-
이 쾌감!!
이렇게 깨끗하게 해놓는데
왜 다들 계약하잔 얘긴 안 하지?
하긴- 내가 보기에도
서울 집세는 터무니 없이
비싸긴 해-.
삐빅 삐빅
삐빅 삐빅
다녀왔삼.

낑
끙
툭
고오오오
팽
지우는 학교 때문에 시간 맞추기가 어려우니까
집 보러 올 동안은 네가 여기 있어줘.
부동산
02-xxx-xxxx
내가 지난 며칠 동안 이 집을 살 만한 곳으로 되돌리는데
얼마나 많은 정성과 노력을 쏟았는데…!!
엄마! 여기 우리가 살던 집 맞아?!
아아악!!! 이지우!!!!!
지은아 다 못 치우고 가서 미안- 뒤를 부탁한다!
엄마!

이봐.
왜
툭

왜에…에에???

치-치우겠습니다….
네 방 정돈
직접 치워-
네가 먹은 건
직접 치워-
치워-
지저분한 게 더 싫은지
깨끗한데 누나가 있는 게 더 싫은지
지우는 도무지 알 수가 없다고
생각하는 것이었습니다.

69화 피드백

얼마 후, 다행히도 우리는
두 아이를 둔 어느 부부와
전세계약을 할 수 있었고

언니, 여기 캐릭터
벽지 발라도 돼요?
당연하지~
이젠 네 방이니까
마음대로 해도 돼.

문경엔 아직 짐을 들일
자리가 없어서
보관이사를 택했습니다.
1588

지우는 예정대로 할머니댁
옥탑방에 들어가게 됐지만
매일 밤 다 큰 손주가 걱정돼
거리로 나오시는 할머니와 할아버지 때문에

좋아하는 술자리도 포기하고
일찍 귀가하는
의외의 모습을
보여주고 있습니다.
왜 또 나오셨어요
먼저
주무시라니깐~!

cafe 숨

아이스 카페라떼랑
따듯한 아메리카노
나왔습니다~.
짤랑-

커피다 커피!!!

커피 내드리면서 이렇게 환호 받기는 또 처음이네요~!
농촌에 온 이후로 카페 커피 마시는 게 얼마만인지 몰라요~!!
하긴, 저도 이 동네에 카페가 없는 게 아쉬워서 직접 가게를 낸 거니까요.
그런 의미에서 단골 예약이요!
대신 주인장 마음대로 갑자기 휴무할 수도 있습니당~!!
좋은 데 놀러가셨나 보다 생각하죠 뭐~.
필요한 거 있으면 말씀해주세요.
전 저쪽에서 소설책 읽으려고요.

우웅
우웅

지은아~ 드디어
기다리던 건축설계
초안이 왔다~!!
오옷~
얼른 열어 봐!
어디 보자.
'말씀하신 시공사는 제가 알기로도,
목조주택 분야에 비교적 오랜 경력을
쌓아온 곳입니다. 저도 과거에 몇 번
같이 일한 경험이 있습니다.'

목조를 골조로 하면
지금 집터에서도 운반 및
작업이 용이하고
집 자체의 내구성도 튼튼하니
걱정 안 해도 된다고 하시네.
단열성도 우수하다고
들은 것 같아.
근데 겉보기에 목조인 게
티가 안 나서 조금 아쉽다.
하지만 내 지중해풍을
포기할 수는 없으니까
거실 천장에 서까래를
노출시키는 건 어떨까?
좋다 좋다!

다른 골조랑 외관상으로는 구분이 잘 안 가니까
그런 식으로 살짝 정체성을 드러내도 멋지겠어.
압축 다 풀었다. 파일이 엄청 많네?
평면도, 입면도, 다락방 것도 있고-
우와- 근데 다락방 되게 크다!
내가 평생 살아온 방들하곤 비교할 수도 없이 커!
ATTIC
마음에 들어? 일단 최대한 크게 뽑아달라고 부탁했어.
이것저것 고치다 보면 좀 작아질 순 있겠지만 말야.
엄마-!!!
샤릉해 샤릉해~♡♡
아유 징그러~! 징그러어~

봐 지은아.
여기 3D 이미지도 있다.
그러네. 외관은 꽤나
단순하게 생겼다.

흐음…

그런데 이거 막상
3D로 보니까
뭐랄까, 내가
생각하던 거랑은 좀
많이 다른 거 같은…

중앙화장실 문이 부엌으로 나 있어,
이러면 불편할 게 분명해.
거실이랑 부엌이 너무 분리된 느낌이야.
더 트인 게 넓어 보일 텐데.

다용도실이
없는 것 같은데?
맞아. 내가 그 얘길
안 했나?

안방 드레스룸도
이 이미지를 보면
룸이 아니라
붙박이장인 것 같아.

후
자료도 많이 준비해 가서
기본은 제대로 전달했다고
생각했는데-
역시 생각을 온전히
전한다는 게 쉬운 일이
아니네.
그래서 설계사 아저씨도
천천히 생각을
나눠보자고 한 거겠지.
겨우 초안이잖아~
메모지에 수정 요청할 거
옮겨 적을게.
또 있으면 말해줘.
응.

씨잉
...
끼익
숨
이거 지은이네 찬데.

카페? 여기 언제
카페가 생겼지?

안녕하세요~
어서 오세요~

역시 여기 있었구나.
아주머니 안녕하세요-
진희야~
어디 갔다 와?

매일 산에 가니까
조금 지루해서,
이 뒤에 있는
천변에 나가봤어.

물이 좋아서 그런지
동물들이 많더라.
나도 있다가
구경해야지~!

진희야, 저쪽 문경 산북면에
돌리네 습지란 게 있다더라.
이번에 보호구역으로
지정됐다는 얘길 들었어.
돌리네 습지요?!!
그게 뭐야?
엄청 희귀한
지형이야!
세계적으로도
만나기 쉽지 않은-!
방문할 수 있는 상태인지
알아봐야겠다!

진귀한 동물들이
있을 거야 분명!
와! 나도 같이 갈래!

뭐라도 좀 마셔.
아줌마가 사줄게.
감사합니다.

사장님!
시원한 아메리카노로
부탁드려요!
네에!

이 카페 세준이한테
알려주면 좋아하겠다.
그치! 앞으로 회의할 때도
종종 이용하면 좋겠어.

참, 온 김에 봐봐.
이쪽은 9월-10월 개최하는
프리마켓 목록.
우리가 신청할 수 있는
곳만 추려서 적어놨고.
이건 우리 농원에서
곧 수확해서 상품으로
만들 수 있는 작물 목록.

음- 역시 서울로 먼저
가는 게 좋지 않을까?
다양한 사람들의
반응을 살피려면.

응. 하지만 그런 맥락에서
무턱대고 젊은이들만 주 고객인 곳을
찾아가선 안 될 거야.

예상고객은 청장년층,
아니면 자녀를 둔 부모라고
생각하면 되지 않을까?
고구마 말랭이 같은 건
학생들도 좋아할 거야.
드디어 실전이구나~
녀석들 잘 돼야 할 텐데.

…아!

그래! 꽃차! 가게!
벌떡

너희 판매할 메뉴가 뭐야?
어- 매번 일정한 건 아닌데-

농원에서 수확하는 작물에 따라- 이번엔 고구마를 주력으로, 잼이랑, 말랭이, 컵맛탕 등을 생각 중이었어.

에이- 너무 빈약하고 일관성이 없어 보이잖아.
고객이 계속해서 찾을 만한 제품 이미지는 있어야지.
아예 일정한 제품 라인을 만드는 건 어때?
잼, 청, 코디얼, 비니거, 꽃차! 이렇게!
코디얼- 비…비니…잉?

골조에 따른 주택 종류

이하의 특성은 상대적인 것이며, 잘못된 시공으로 각 골조의 장점이 사라질 수도 있습니다. 반면 기존에 알려진 단점이 기술발달 등으로 보완되고 있는 경우도 있죠. 그러므로 실건축 시 시장/기술 현황을 살펴보시는 게 좋다고 생각합니다. 마찬가지로 골조의 가격 역시 국내외 골조 생산/수급, 자재규격화 등에 많은 영향을 받으므로 건축 시 꼭 비교해보시기 바랍니다.

1. 목조 주택(경량목조, 통나무 등)
   뛰어난 내진성, 단열성/다양한 설계·보수 가능/쾌적한 실내/상대적으로 약한 방음
2. 스틸하우스(철강재)
   간편한 시공/뛰어난 내진성·내구성/골조의 재활용 가능/결로 가능성
3. 경량기포 콘크리트(ALC/AAC)
   간편한 시공/친환경·무독성/뛰어난 내화성·단열성/습도 높아질 가능성
4. 철근&콘크리트
   방음 기능 우수/뛰어난 내화성·내구성 및 내진성/보편화되어 시공사 선택 범위가 넓음/단독주택에선 비교적 덜 쓰임/복잡한 디자인 적용이 힘듦/난방 및 습도 조절 능력이 상대적으로 부족/두꺼운 벽체로 실내 공간이 줄어듦/복잡한 디자인 시공이 힘듦
5. 조적조(벽돌, 돌 등을 쌓아 만드는 골조)
   철근&콘크리트와 유사한 특징을 가지나 지진에 약함.

70화 실습

숨
표로록
아 그걸 모르는구나?
코디얼은 농도가 짙은 과일 주스나 시럽 같은 거야. 물에 타 먹는 음료지.

비니거는 향기가 짙은 서양식 식초.
이쪽은 무척 다양한 용도로 쓸 수 있어.

음~ 확실히 잼부터 꽃차까지 일관성 있는 느낌이야.
감사합니다.

상품을 이리저리 가지 치기 전에 메인으로 삼기엔 아주 안성맞춤인 것 같아요.

뭔가 그럴싸한- 포장을… 아니, 라벨이라고 해야 하나?
라벨.
일괄적으로 라벨을 만들어 붙이면 훨씬 멋있을 거야.

근데 엄마,
그거 우리가 다
만들 수 있는 거야?
물론이지.
하지만 꽃차도
어떻게 만드는지는 알아야
하지 않을까요?
그래, 기본적인 건 알아야
고객들한테 설명도 하고.
꽃차는 과정이 복잡하니까
경숙 이모가 만든 거 가져다
파는 걸로 하고
그 외는
프리마켓 전까지 익히면
너희도 할 수 있을 거야.
그렇군…
나머지는 지금이라도
당장 알려줄 수 있는데
꽃차는 재료도,
장비도 없는 상태라….
그럼 너희
경숙 이모한테
다녀올래?
오-
이모만 좋다면.
사실, 경숙 이모가
지금 꽃차 가게를
준비하는 중이거든.
겸사겸사 가서
일도 돕고 와.

기이이잉
저 트랙터 좋다~! 경운기보다 쟁기질도 더 빠르고
그치? 여기 로타리 다 치는 데 30분도 안 걸릴걸.
그나저나 국진 씨 운전 잘하네? 트랙터 운전 해봤나?
트랙터 빌렸댔더니 들떠서는 밤새 동영상 보면서 연습했어~
킥
참, 들깨는 들여다봤니? 좀 어때?
들깨? 8월 말에 하얀 꽃이 올라왔더라. 신경 덜 쓰는데도 엄청 잘 커.
늦여름에 비가 자주 와서 그런가?
마치 인간이 사라진 지구의 정글 같아. 바글바글해서는.
여하튼- 이번에 가을 농사 준비하면서
난 결심이 섰어.

우리도 저런 다용도 트랙터
하나 장만하자!
웬일이야? 우리
짠순이 총무님이??
어이어이-
짠순이라니
나도 투자를 해야 할 때는
과감하게 하는 사람이야.
올해 배추농사 규모를 보니,
이렇게 매번 이 집 저 집 돌아다니며
트랙터 빌려달라고 사정하는 것도
일이겠다 싶어.
도-돈에 간혹
쫄리긴 하지만….
간혹?
간혹!
잘 생각했어. 나머지 농원 식구들
이사 오면 농사량이 더 늘 테니까.
이래저래
쓸모가 많을 거야.

그럼 기왕 공금 방출하는 김에,
농기구랑 수확물 보관할 창고도
하나 기획함이 어떠신지?
어윽, 얘는!
트랙터 하나만 생각해도
심장이 두근두근한데!
역시~
짜다 짜~
지-집 짓는 데 돈 다 쓰면
다시 과감해질 예정이야!

에이 엄마 안 돼.
죄송하지만-
이번엔 더 이상
주문 받을 수 없다고
말씀드려.
탁탁
그래 그렇다니까?
더 심을 데가 없어.
미안해에~ 엄마도
더 이상 동네 할머니들한테
소문내지 마.
응. 끊을 게~

절임 배추로 준다고 해서
이렇게 주문이 많은가?
아무튼 농원 식구들한테도
더 주문 받지 말라고
말해야겠어.
그럴 수도
있겠다.
그것도
진즉에 했어.
더 심을 데도 없어서
지금도 울타리 밖에
나와서 심고 있잖냐.
규모가 점점 커지니
울타리가 의미를 잃었네.
다음엔 조절해야겠다.
멧돼지나 고라니가
배추도 뜯어먹으려나~
배고프면 뭔들~
지은 아빠는
언제 와요?
아무래도 이거
오늘 우리 셋이선
다 못해. 절대로.
끝나서
오고 있겠네.
내일 또 이어서 하면 되니까
너무 무리하지 마 여보.
따-딱히 힘들어서 하는
말은 아니야.

형님은 이렇게 일 많을 땐
놉 사서 하시던데.
우리도 수확할 땐 한 번
그래야 하지 않겠어?

아-안 되나…?

당신이 웬일?
그런 소릴 다 하고.
아쉽지만 지금 우리
돈 쓸 데가 많아서
놉 쓰는 건 내년으로
기약해야겠어.
그래? 어쩔 수 없지.

대신 트랙터를
하나 장만하면
어떨까 한답니다?
그-그게 정말입니까
총무님??!!

끼익
지은 아빠
왔나 보네!

마이 걸~! 농민사관학교 친구들한테
배추 주문 더 받았어~!
모종은 오면서 사옴~!
주문 더 받지 말라고…
내 말을 귓등으로 들었냐…!

자 그럼! 이틀 동안 열심히
꽃차 만드는 법을 배워보자!
우선은
두 시간 정도
먼저-
주섬
주섬
촤르륵
탕
이론 공부를…
킥킥

농담이고~
나중에 복습하면서 읽어봐.
꽃차 마시는 방법, 차별 효능, 주의점 같은 걸 적어놨으니까.
이번 프리마켓엔, 저기 만들어놓은 것 중에
초심자도 쉽게 먹을 만한 것들로 골라줄게.
미리 외워서 손님들한테 설명해주면 좋을 거야.
포장할 때도 안내문 끼워주고.
꽃차의
이건 여름 장미야. 이렇게 낱장이 큰 꽃은
일일이 꽃잎을 떼어 준비하기도 해.
네 꼭 숙지할게요!
짝
자 그럼 속성 실습 시작!
꽃은 안 씻어요?
깨끗한 데서 자란 꽃은 딱히 씻을 필요 없어.

자 그럼-
꾸덕꾸덕해질 때까지
시간이 좀 걸리니까.
다음 단계는
내가 미리 말려서 준비한
꽃들로 해보자.

이모는
미리 준비해
왔어요!
어릴 때 비슷한 대사를 많이
들었던 것 같은데….

잘하고 있어.
너무 손에 힘 주지 마.
이 일은 기다림이 중요해.
몇 번을 덖고 식혀야 하지.

습기가 잘 마르게
고루고루 펴줘.

이번엔 이 꽃.
이건 두 번째 덖음이야.

그날 밤
팔락 팔락
하-암
메롱-
부채질 살살해라. 꽃 안 날아가게~
당신들 차례 되면 똑같이 잔소리로 갚아준다~!
장갑 끼고 했는데, 손에 덖은 꽃 냄새가 밴 것 같아.
야생과는 또 다른 향이야- 좋다-
내일은 차 한잔 먹어보고 싶어.
나도! 직접 만들었더니 엄청 끌린다!
나는 허리가 아파. 계속 구부정하게 있었더니….
힝… 내 말 듣고 있어? 나 허리 아포요…

71화 만반의 준비

완성~!

와! 그래도, 한 종류는
완성하고 가는구나!

그거 너희 하나씩
기념으로 가져 가.
팔 거는
또 만들면 되니까.
우와~!
감사합니다!

이모님, 우리 이거 바로
마셔보면 안 될까요?

그럼, 이 천일홍 꽃차를 마셔보자.
색깔이 정말 예쁘거든.

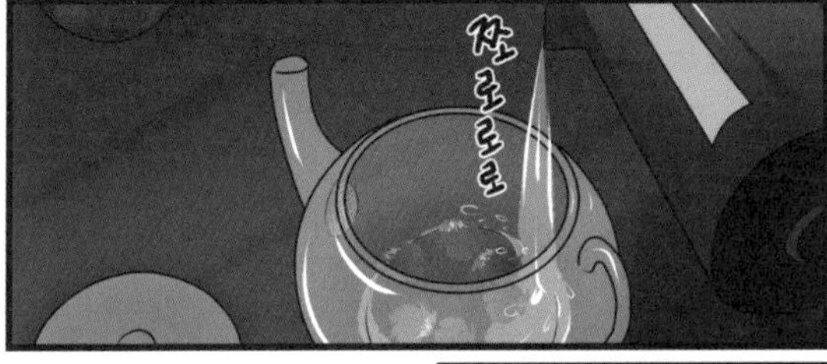

처음엔 꽃잎을 적실
정도만 조금 붓고-

30초가 지나면
이 물은 따라버린다.

두 번째부턴 마셔도 되는데 그것도 너무 오래 우리면 쓴맛이 나.
2-3분이면 충분하지.

우와- 색깔이 정말 예쁘다…
환상적인 색이다-

천일홍 차는 피부에 좋아서 기미 제거나 미백을 도와준대.
그 외에 우울할 때 안정감을 주거나 간을 정화하는 데도 좋고.

미백을 돕는다고요?! 짱이다!!
기미… 나한테 딱이잖아!

너 요새 미백에 관심 있어?
농사를 지으면 피부가 넘 타는 것~
??
쿡쿡

마셔 봐.
뜨거우니까 천천히.

음- 빨간 맛-
빨간 맛인가?

꽃이랑 꽃차,
어느 쪽 향이
더 진한 걸까?

올 여름 고생한
내 피부야
약 들어간다!

좋으네요~
몸이 따뜻해진다-

너희가 팔 때도 마냥
진열해놓고 기다리지 말고

손님들이 꼭 시음을
해볼 수 있도록 해.

이 차처럼, 화려한 색깔을 가진 거랑, 강한 향을 내는 차를 우려서 이목을 끌면 좋을 것 같아요.

잼이랑, 나머지 품목들도 시식할 수 있게 해야겠지?
빵이나 크래커라도 준비해야겠어.
직접 먹어볼 수 있게 스푼도 갖다 놓고. 그게 덜 번거롭지.

그래, 그런 점을 고려해서 판매할 목록을 뽑아볼게.

근데 이모. 이 자리를 리모델링해서 가게를 꾸리시는 거죠?

그럼 꽃차뿐만 아니라 앞으로 농원에서 생산할 상품을 몽땅 여기서 판매하는 건 어떨까요?
응. 좋은 생각이야. 나도 내심 그렇게 생각했어.

그렇지. 꽃차 카페 겸 판매처. 한쪽에 전용 진열장을 짜 넣을 거야.

내가 도시에 가장 늦게까지
남아 있을 예정이라 판매에도
적격이고.
사실 꽃도 직접 재배하면
좋겠지만 아직 환경이
안 되니까.

저희가 가끔씩 만든 걸
가져올게요.
그럼 나는 한쪽에
특별 전시 테이블을 만들어서
상품을 소개해야겠다.

이걸로 지역 주민들한테 인정받고
상품도 안정적으로 만들 수 있게 되면
차차 인터넷 판매로
발을 넓히는 거죠!
오늘의 특가

하지만 난 온라인 쪽은
영 낯설어서~ 그 부분은
너희가 확실히 맡아줘야 한다?
걱정 마세요~!

자 그럼, 한 번 더 우려 마시고
비니거랑, 코디얼 만드는 걸
배워보자.

문경으로 돌아온 뒤
우리는 본격적으로 프리마켓
준비를 시작했습니다.
누나!
라벨 디자인 다 됐다!

이번엔 제품 이름
안 넣어도 되지?
멋지다!
응. 이대로
주문해줘!

끼이익
아 택배 왔나 보다.

죄송해요. 물건이
너무 많죠-
아닙니다.
도와주셔서
감사해요.

공병이구나?
경숙 이모가
주문하는 곳에
부탁했어.

꽃차는 당일에
받아가기로 했어?
응. 어차피 마켓이
서울이니까 가는 길에
들르려고.

효능이나 음용방법은
외워서 갈 거야.
어떤 걸 팔지 이모가
미리 알려준다고 했거든.

그럼 우린 다른 걸 열심히
만들면 되겠구나!
뭘 할 수 있는지
재료부터 구해오자!

짠

이야~ 이거 진풍경이다!
진짜 땅에서 땅콩 껍데기
그대로 올라오는구나!
가만있어 봐
몇 장 더 찍을게!
찰칵
찰칵

누나! 토마토랑 오이는 이 정도면 되겠지?
어!

지은아 블루베리 아저씨네 가서 블루베리 한 박스 사와~!
알았어!

양봉 아줌마네서 꿀도 한 통 받아와! 전화해놨어!
어!

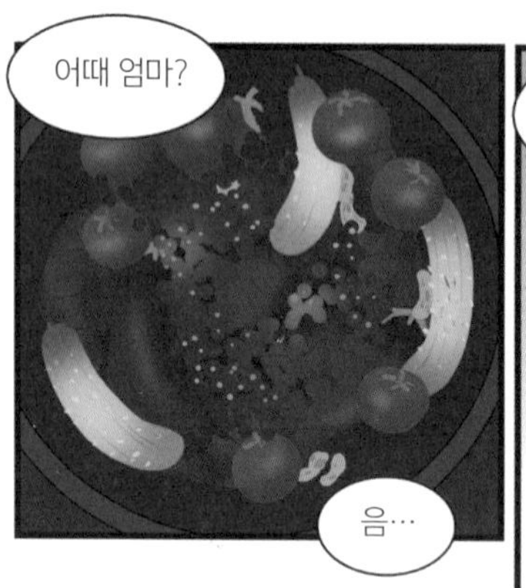
어때 엄마?
음…

이번엔 잼이랑 꽃차로 단출하게 나가자.
이 재료로 당장 일전에 말했던 라인업은 무리일 것 같아.

어쩔 수 없지. 계절에 맞는 신선한 상품을 만들기로 한 거였으니까.
주문한 병이야 나중에 쓰면 되는 거고.

이번엔 잼이라도 잘해서 나가보자!
예이~

위잉
빠각
치이익

지은아 용기 미리 꺼내서 열탕 소독해둬라~
응.

2년차라 아직 조금밖에 안 난 우리 아로니아지만
아까워하지 말고 가루를 솔솔솔-

이웃집 꿀벌들이 고생해준 꿀도 솔솔솔-
주르르

애들아~돌고돌아
돈으로 돌아오렴~!
제발!
어-엄청
열심히 팔아야겠다…

뽀글

포옥

먹어 봐.

달달하니
녹는다-!
캬아-
우물우물

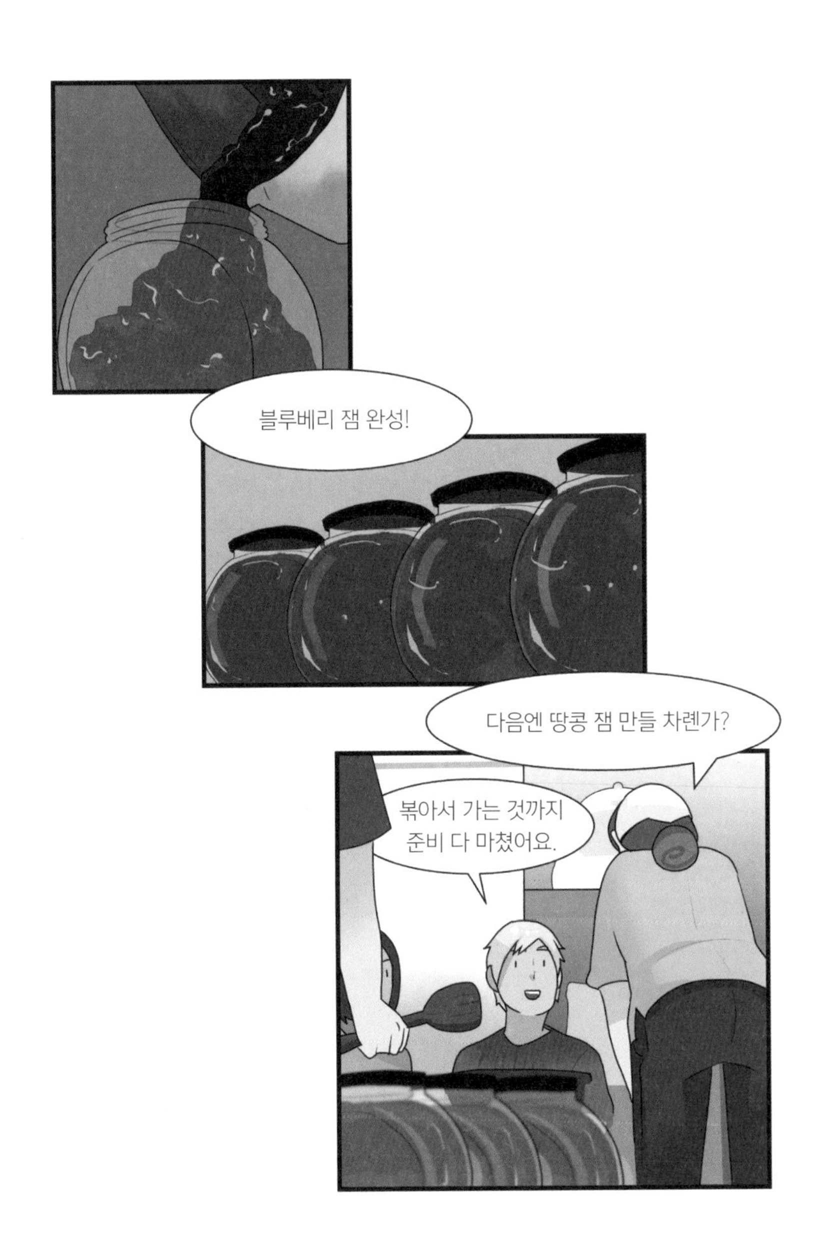
블루베리 잼 완성!
다음엔 땅콩 잼 만들 차롄가?
볶아서 가는 것까지 준비 다 마쳤어요.

72화 출전! 프리마켓!

잼, 메뉴판, 종이백, 일회용품, 크래커,
버너, 주전자, 스툴, 접이식 탁자 하나-
다 챙긴 것 같아.

부스스…

다녀오겠습니다!
힘내라!
쫄지 말고!

부릉 부릉

우걱
우걱

퐁퐁퐁

뭐 더 필요한 물건 있니? 이모가 챙겨줄게.
다 챙긴 것 같아요.

참참, 이걸로 너네 김밥이라도 사 먹어.
아마 자리 비울 새도 없을 거야.
넹. 그럴게요.

개장 시간 30분밖에 안 남았어-
얼른 짐 내리자!

두 번 왔다 갔다 해야 할 것 같아.
그럼 운영본부 가서 자리 받아놓을게!
덜걱

여기 참가증입니다. 옆에서 기본 제공 테이블 받아가시고요.

운영시간은 5시까지고,
철수는 언제 하셔도
상관없습니다.
가실 때 테이블만
반납하시면 돼요.
알겠습니다.

여기야 여기!

펄럭
쏴악

세준아 거기 위에
메뉴판 좀 건네줄래?
잠깐만 이것 좀 닦고.

잼은 손님이 직접
발라먹도록 하는 게
좋을까?
농원제작상품
안 바쁠 땐
발라드리는 게 더
낫지 않아?

사진 슬라이드쇼 해놨지?
응. 반복재생 되게
해놨어.

10시야!
10:00
시-시작한다?
준비 다 된 거지?
으-응! 아마도?

사-사람들이 와…
어우 떨려-

아-안녕하세요!
꽃차와 잼을-
팔고…있어요….

웅성
웅성

흐앙!!! 이래선
오늘 하나도
팔 수 없을 거야!!!

어-얼지 말자!
열심히 준비했으니까!
짝
짝

정신 차리고!
우선 계획대로 찻주전자에
물부터 붓자!
알았어!
웅성
웅성
쪼르륵
우와~ 색깔 봐~
영롱하네~
안녕하세요!
이거 뭐예요?
맨드라미 꽃차에요.
피를 멎게 하는
효능이 있는 차죠.
아~ 꽃차구나~

꾸준히 마시면
생리통 완화에도
좋다고 해요.
오 생리통에?
한 잔 맛보시겠어요?
네 부탁합니다.

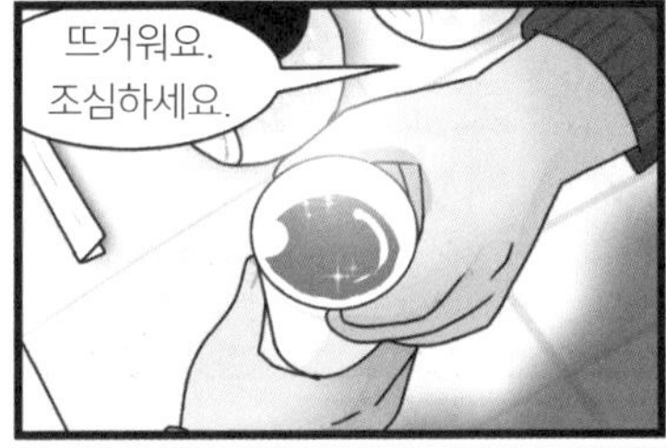
뜨거워요.
조심하세요.

음- 향도 좋구나-
맨드라미 꽃을
본 적은 없지만.

잼도 시식해볼 수 있나요?
네! 물론이죠!

오이 잼으로 주세요.
다 저희 농원에서 수확한
작물로 만든 거랍니다.
꽃차도 농원 식구들이
직접 만들었어요.

아아-
농원이구나~
농원제작상품
이것도 맛보세요.
마을 어르신께서 재배한
블루베리에
저희 농원에서 난
아로니아 가루를 섞었어요.
아로니아요?!
음~! 맛있다~
우리 이거 하나 살까?
그래그래~ 오이 잼도
특이하고 시원해서
괜찮았어.
우물
우물
그럼 블루베리 잼 두 개랑,
오이 잼 하나랑, 음-
그렇게 할까?
아 저-
종류 상관없이
4개들이 세트로 사시면
더 할인해드려요!
쓱스...
아 그럼 꽃차
하나만 더-

엄마한테 드릴 건데-
추천 좀 해주실래요?
아 그럼-

구절초 차는 어떠세요?
항암효과가 있고 탈모예방에도
좋은 차입니다.

그걸로 할게요.
한 봉지에 같이
담아주세요.
네. 잠시만
기다려주세요.

여기
있습니다.
지불은
카드로
할게요.

야!

카-카드잖아…!?
우-우린 카드기가
없는데?!

죄-죄송합니다!
저희가 막 프리마켓 입문이라
카드기를 미처 준비 못 했어요!

혹시 현금 계산이
가능하시면-
네. 있어요.

프리마켓에 올 땐
현금을 꼭 챙기거든요.
카드기 없는 곳도
꽤 있어서.
여기-

그럼 많이 파세요!
감사합니다!
맛있게 드세요!

농원제작상품

농원제작상품
4 개구매시
할인
휘청

73화 응원단 방문

점심 때라 손님들이 다
푸드트럭으로 갔나 봐.
우물우물

우리도 뭐 하나
사올까?
그래 그러자.

내가 갔다 올게.
누나들은 쉬고 있어.
꿀꺽
꿀꺽

줄이 길면 시간이 좀
걸릴지도 몰라!
괜찮아.
잘 다녀와~

지은아 오후에
마켓 구경 갔다 와.
그동안 내가
가게 보고 있을게.

그래도 돼? 내가
이런 델 좋아하긴 해-
응. 오전 내내
고군분투했더니
익숙해졌어.

그럼 번갈아서 다녀오자!
잠깐이지만 세준이랑
데이트도 하고 와!
응! 고마워.
?
슬금

거기서 뭐하세요?
화들짝

서프라이즈~!!!
짠!

너희들 뭐야아-
어젠 별 소리 않더니~!
친구가 장사를 개시하는데
안 와볼 수 있나?
메뉴
쿡쿡
칵칵

참, 인사해.
농원 일 같이하고 있는
사진작가 진희야.
이쪽은 내 친구들.
반갑습니다!

내가 차 새로 우려올게!
앗! 고마워!
미안 얘들아.
따로 앉을 데가 없어서-
됐어~ 간만에 서울 출현이라
얼굴 보려고 잠깐 온 거니까.
그보다 장사는 잘 돼?

그냥 저냥 열심히
파는 거지 뭐.
그래도 아주
망하지는 않은 듯?
키히
히

그럼 우리가
매출 팍팍 올려줄게!
얼른 우리한테
팔아 봐!
내 친구 장사
실력 좀 보자.
Handmade Jewel

짠! 우린 이미 현금도
넉넉히 준비했다!

봉투~ 봉투~ 열렸네~!

그건 나한테 용돈 달라는
얘기잖아~
오 이런-
히히

자- 이거
먼저 먹어 봐.
너희가 그렇게 원하던
아로니아 가루 넣은
블루베리 잼이다!

나무 자라는 데 몇 년은 걸린다더니?
그래도 열매가 조금 열리긴 했나 봐?
나 토마토 잼 발라주쇼
응!
이것도 드세요. 꽃차예요.
감사합니다 진희 씨.
음- 맛있다? 솜씨가 제법이야?
엄마 손맛이지! 우린 보조였고.
역시나~
Handmade Jewe
Handmade Jew

어머~ 사장님 이거
그럼 다 수제잼이에요?
?
어-에?
그럼요~ 저희 농원에서
직접 재배한 과일, 채소로
만든 거예요!
휙
!
꽃차도 향이 참
그-윽하네요~
킁
흔들
저도 한잔 먹어
볼 수 있나요?
네 드셔보세요!
땅콩 잼도 좀-
네 잠시만요.

어떠세요?
우물

음- 땅콩 잼이라기에
땅콩버터 잼 맛 생각했는데
그게 아니네-
근데 좋네요.
새롭고.

상품
4개구매시 할인
꽃차는- 음
취향은 아닌 것 같지만.
땅콩 잼 두 개 주세요.
얼마죠?
후
후

와- 네 친구들-
정말이지 대단한
활약이었어-
덕분에 한산한 시간인데도
순식간에 무지 많이 팔았다-
김밥 다 먹을 새도 없었어.
오물
본인들도 엄청
많이 사갔잖아.
고마워서 몸 둘 바를
모르겠다.
근데 세준이는 왜
이렇게 늦지?
맛있는 거 사오느라
늦었지!
짠! 사람이
많았지만 결국
다 사왔어!
완전 취향저격!
고생했어!
고마워
세준아~

고생했지? 나 팔 아파쪄 주물러조~
암요 그 정도야 당연히 해드립죠!
우왓! 사장님!?
똑똑똑~ 사장님들~
영업시간에 니나노 시간 보내시는 거예요?
똑똑똑
네네- 카페 사장님 강림!
우리 옛 알바생들 보러 왔지요~
아니 이젠 어엿한 사장님들이지.
많이 팔았니?
잼은 좀 팔았어요.
꽃차는 어쩌다 한 번씩 나가구요.
그건 좀 힘들겠다고 나도 생각했어.

아무래도 덜
대중적이어서 말이야.
특이한 상품은 가치가 있지만 그만큼
판로 넓히기가 쉽지 않거든.
아 그렇겠구나….

사실 오늘은 제안을 하러
온 거거든!
우리 가게에 정기적으로
너희 물품을 들여놓으면
어떨까 해서 말이야.

어디 나도 맛 좀
보여줘!
넵!

위탁판매랄까?
나로선 시중에서 파는
상품 진열하는 것보다
모양도 살고.
우와-

물론 이 몸한테도 이윤은
조금 남아야겠지?
그-그렇죠!

대신 맛이 없으면
말짱 도루묵이야.
자신 있어요!

여기요!
고마워.
오케이 합격!
와아
어떤 물품을 들일지는
차차 의논하자.
맛 검증은 매번 할 테니
마음 놓으면 안 돼~!
짜식들 듣고 있니?
와아
와앙

근데 이런 거
유통기한은 언제까지야?
바닥에 써 있나?

아무 데도 안 써 있네.
아무래도 수제니까
좀 짧겠지?
잉? 얘들이
어디 갔나?

너희
거기서 뭐해?

이런 초짜들!
검색을 하고
있잖아?!

왜 유통기한을
생각 못 했지….
사장님이 아니라
손님이 먼저 물어봤으면
큰일 날 뻔했어…
근데 그거
어떻게 정하는 거지?
너 알아?

74화 결산

아구찜
예약 02-000-0000
해물찜. 볶음
어디 보자. 잼은 꽤 많이 팔렸구나.
성적이 좋네. 근데 꽃차는-
꽃차는 이모 보시라고 뒷장에 한꺼번에 적어놨어요.
오 그렇구나.
어떤 종류가 더 팔렸거나 덜 팔렸다거나 하는 건 없는 것 같네.
네. 종류 상관없이 고루고루 팔렸어요.
그래도 잼 판매량에 비하면 많이 저조한 수준이야.
맞아요.

가끔 꽃차 자체에 흥미를 갖고 구매해 가는 사람도 있었지만

대부분 '4개 구매 시 할인'이라는 문구를 보고
'꽃차도 하나 사볼까?' 하는 느낌이더라고요.
그렇구나….

그거, 나도 궁금해서 손님한테 물어봤었어.
너 잠깐 마켓 구경하러 갔을 때.

손님들이 뭐래?
여러 사람한테 물어본 게 아니라서, 그냥 의견의 파편인 걸 감안해줘.

저, 실례지만 꽃차를 구매하지 않는 무슨 특별한 이유가 있나요?
판매자로서 어떤 부족한 부분이 있는지 궁금해서요.

아 그게- 제가 그렇게 여유롭게 뭘 마실 시간이 없어요.
찻주전자에 찻잔에 갖춰야 할 것도 많고.
잼은 바쁠 때도 간편하게 슥 발라 먹을 수 있는데.

그 손님한텐
꽃차를 마시는 게 복잡하고
한가롭게 느껴지는 모양이야.
그럴 수 있지.

그렇구나….

그래. 대중에게 더
다가가려면 확실히 편의성을
더할 필요가 있겠어.
그 점은 내가
고민해볼게.

소비자로서 단순히 아직
맛이 낯설거나 제품 정보가
부족해서일 수도 있어요.
맞아.

참 이모,
이거 꽃차 판매분
수익이에요.
와 고맙다!
나도 이게 첫
수익이란다!
다음엔 더 많이
팔아올게요!
나도 더 많이 팔릴
방법을 강구해볼게.

상자가 많이 비었네?

표정을 보니 장사가 잘된 모양이구나?
키히 히히 핫
초심자의 운이랄까.
당황스런 순간도 많았지만.
키키키

그것보다요!
더 기쁜 소식이 있거든요!
?

지은 누나랑 같이
알바했던 그 카페요~

사장님이 찾아오셔서
카페에 저희 물건을 판매하면
어떻겠냐고 제안하셨어요.
뭐어어~!!??

세상에~!!
잘됐다 얘들아!!

사실 이거 자체가 수입을
의미하는 건 아니지만요.
괜찮아.
그 카페는 그야말로
대도시 중심부잖니!
농부들한테
판로를 개척하는 게
얼마나 힘든 일인데!

한데 이젠 우리한테 그게 있는 거야!
그것도 중간판매상을 거치지 않은
직접 판로지!
하하핫
어 그게- 사장님한테도
위탁 판매값을 지불해야
할 것 같은데….
어

아아…
얼마나…?
얼마나 달래…?
어어어어어어
아직 몰라-
자-잘 협상해볼게!
최대한 많이 남게!
끄어어-
여보 그런 건
애들한테 맡겨.
알아서 잘할 거야.
털썩

직판로라면,
경숙 씨가 준비하고 있는
꽃차 가게도 있잖아.
참! 그게 있었지!
하지만 그 카페가
훨씬 도심부인데…!
어쨌거나,
카페 사장님이 일부러 찾아와
제안하신 걸 보니
으으—
너희가 일할 때
얼마나 성실했는지
안 봐도 알겠구나.
헤헤
헷

그럼 아빠 엄마 먼저 집에 가.
난 정리 마저 하고 갈게.
정리하고 재고를
아빠한테도
알려줄래?
지인들한테
판매하게.
응.

달각
달각
물끄러미…
!
진희야! 세준아! 잠깐만!
나 좋은 생각이 났어!
너희 알지? 카페에서
베이글에 발라 먹으라고
크림치즈를 조그만 통에
별도 판매하잖아.
그거 맛있는데.
알지.
500원짜리.
카페에 제공할 잼을 그렇게
만들어 보내는 게 어떨까?
오오?!

어때요?
총 거리가
얼마나 되죠?

약 250m 정도입니다.
기본 거리가 200m니까 초과
요금이 발생하겠네요.

이 전신주에서부터 연장하면
200m 안쪽일 텐데.
웬만하면 땅 주인한테
동의 얻어서 진행하시죠.

저희도 그러면 좋겠는데
이 아랫집 부부랑 영 사이가
껄끄러워서요.
아마 전선 지나는 것도
싫다고 할 거예요.

그렇군요. 어쩔 수 없죠.
저는 어떤 경로로 연장하는 게
가장 짧고 덜 번거로울지 고민을
좀 해보겠습니다.
부탁드립니다.
하하

흠…
엄마. 그 부부가
허락해줄 가능성이
단 1%도 없을까?
아마도…?

그래도 돈 더 들이는 것보단
한 번 물어나보는 게…
좀 멀긴 해도 형님네 밭에서
끌어오는 방법이 있는데
굳이 불쾌한 일
만들 필요 없잖아.

근데… 가만 생각해보면
이 부부도 주원이 할아버지네서
전기를 끌이온 기잖아?
주원이네가 동의를
했단 말이네.

따지고 보니 그렇네…
미안한 마음이 있으셔서
좀 도와주신 건가?
그런 건가….

정리할게요.
전기 사용 목적은
주거용이라 하셨고.
기본 공사비용에 초과거리 1m당
5만 원 내외의 요금이 부과됩니다.
계량기는 저희 작업이 끝나면
전업사에서 달아드릴 거고요.
네? 1m에 5만 원이요??!!
그럼 추가요금만 계산해도
250만 원이잖아요!!
네- 그렇습니다…
그래서 가능하면
동의를 구해오시는 게 좋겠다고
말씀드렸던 거에요.
250만 원이 그냥 껌값이
아니잖습니까.
사모님 반응을 보니
전혀 모르셨던가 보군요….
그렇게 비쌀
줄 몰랐죠!
전신주 하나 더
심는 것뿐인데!
타-타임!
이-일단
보류할게요!
죄송합니다… 며칠 더
생각해봐야 할 것 같아요…
괜찮습니다.
결정하시면 연락주세요.

전신주 설치하기

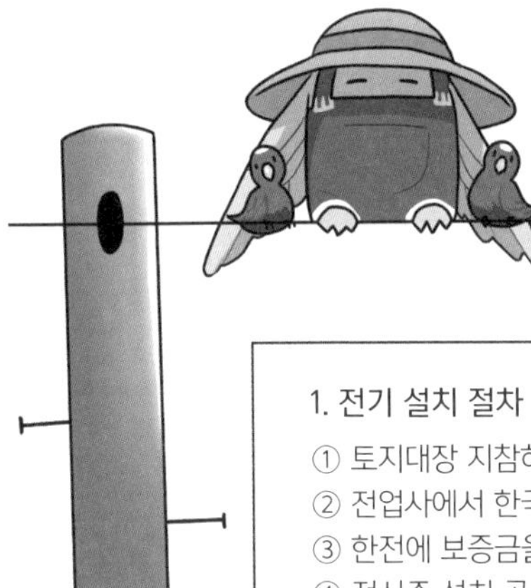

1. 전기 설치 절차

① 토지대장 지참하여 지역 전업사 방문 및 상담
② 전업사에서 한국전력공사에 설치 접수
③ 한전에 보증금을 납부하면 직원이 현장 답사
④ 전신주 설치 공사 후 지역 전업사에서 계량기 설치

2. 전기 설치 시 알아둘 점

① 신청: 한전에 개인적으로 신청 불가. 지역 전업사를 통해 신청 용도와 목적에 맞는 전력을 신청해야 함
 - 농업용 전기를 신청하고 주거용으로 사용해서는 안 됨

② 비용: 설치거리가 200m 이내 -> 납부금 포함 비교적 저렴한 기본 비용 부담
 설치거리가 200m 이상 -> 1m당 5만 원 내외의 비용 추가 부담

③ 설치 기간: 약 2주~4주까지 소요.

④ 이웃의 동의 필요: 전기를 연장하거나, 땅 위로 전선이 지나가거나, 공사 진행 동안 밭 위를 지나다녀야 하는 경우에도 이웃의 동의가 필요함

⑤ 기타: 한국전력공사와 통신회사는 전신주를 공유하지 않음. 따라서 전기용과 통신용 전봇대는 각각 설치해야 함.

75화 피할 수 없는 승부

스윽
띠리링~
띠리링~
어 지은아!
지난번엔 잘 마무리하고 들어갔니?
네 사장님! 그날 와주셔서 정말 감사했어요!
덕분에 유통기한에 대해선 엄청 열심히 공부하고 있다니깐요~
그래 그래~
오늘은 무슨 일인데?
STAFF ONLY
PICK

카페에 보낼 잼을 500원짜리
크림치즈 통 사이즈로 만들면
어떨까 해서요!
괜찮은데?
손님들 입장에선
카페에 들를 때마다
여러 가지 잼을
조금씩 골라먹는
재미도 있을 거야.
카페에서 바로
발라먹을 수 있게
판매하자?
네 맞아요!
그럼 난 세트로 제공할 만한
빵을 알아봐야겠구나.
식빵을 구워서 내는 게
가장 심플하고 좋긴 하겠지만.
아아~ 근데 저번에 가지고 왔던
원본 사이즈도 같이 보내라~
잼 맛있다고 구매하려는
손님들이 분명 있을 거야.
네. 그렇게 할게요.

그리고 사장님, 혹시 크림치즈 통 같은 거 어디서 파는지 아세요?

통만?
글쎄, 나도 완제품으로 가져오는 거라 잘 모르겠네.

너무 어렵게 생각 말고- 배달음식 시킬 때 오는 소스 통 있지?
네.

그런 쪽으로 알아봐. 단가도 괜찮을 거야.
네. 그럴게요!
그래. 다음에 또 연락줘~

후- 점심 먹고 쉬다가 다시 회의 시작할까?
우린 라면 끓일 건데 누나는?

그럼 난 집에서 밥 먹고 올게.
알았어.
하~암

부아앙
노니야! 엄마 아빠 오셨다!

사왔어? 사왔어?
당근.

자 여깄다-
편의점 신상!
예이~!!!

도시락은 안 사왔어?
요새 초밥 도시락이
히트라던데-
부시럭
집밥 먹으면 되지.
그런 게 뭐가 좋다고.

체엣-
에이- 이게 얼마나 별미인데?
내가 잊지 못하는 도시의 맛 중
하나라니까?

그게 오늘 받아온 거야?
응. 토목설계가 좀 정리돼서 설명 듣고, 자료도 받아왔지.

이쪽은 옥순네 거.
이건 우리 거.
이모네 건 한 번도 못 봤는데.
구경해봐. 집 설계도 같이 있더라.

음- 이모네는 1층에 방이 세 개구나. 하나는 온돌방이네.
이 왼쪽 방이 실질적으론 드레스룸이야.

우리 집은-
휙

훨씬 좋아졌지?
수정한 보람이 있네. 저번보다 복잡하지 않으면서 동선도 깔끔해졌어.

이제 또 고칠 게 없는지
찬찬히 살펴봐야지.

참, 다락 크기가
좀 더 커졌단다.
오?!

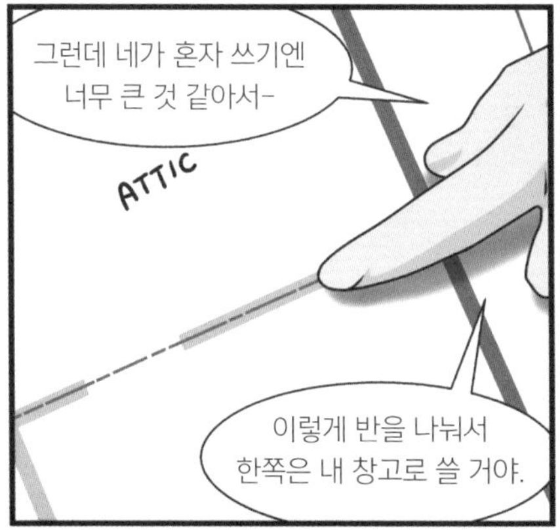
그런데 네가 혼자 쓰기엔
너무 큰 것 같아서-
ATTIC
이렇게 반을 나눠서
한쪽은 내 창고로 쓸 거야.

아니면 창고 겸
네 드레스룸으로
활용하든지.
나야 그럼 좋지!

토목설계도 볼래?

윽-

다 봤어.
무슨 말인지 하나도 모르겠지?
위쪽이 축대.
이 사각형 안이 건축을 진행할 부분이고.
금회신청 건축물
산지전용분할경계선
등고선이나 정화조 등이 표시되어 있는 것뿐이야.
수원 부분을 빨리 해결 봐야겠어.
그것만 확정되면 토목설계는 정말 마무리잖아.
오늘 업체에 연락하자구.
엄마, 근데 그-
전신주 연장은 어떻게 하기로 했어?
엄마… 아빠…?

아아~!! 그거 진짜
잊어버리고 싶다아~!!
난 그 부부한테
부탁하러 가기가 정말
정말 싫거든!!
홱

그래서 '그깟 250만 원'
그냥 지르자고 나를 열심히
설득했단 말이야….
흑흑

근데 그 돈이 내 맘
편하자고 쓰기엔 너무
큰 돈인 거야-

그렇지… 나도
그렇게 생각해….

게다가 오늘 아침에 옥순이가
전화로 뭐랬는지 알아?
뭐-뭐랬는데?

막금아 너 혹시
우리가 구입하기로 했던
트랙터 값 알아봤어?

아니 아직.
왜?
야 그거
엄청 비싸-!!
연 할부로 해도 7년 동안
700만 원씩 내야 해-!!
거의
5천만 원이라고!
부
엑
그-그럴 수가!

왜 이렇게 예상 못한
지출이 많은 걸까….
흑…
귀농은 너무
어려워….

돈을 아끼기 위해서라도
부탁을 해보긴 해야겠네.

그뿐만이 아니야!
이런 지출이 앞으로
더 있을지 모른다고-

엄마가 트랙터를
사지 않겠대!!!
흐아앙
아빠 그거 때문에
슬픈 거였어?
부들
부들
어딘가에서 울고 있을
또 다른 1인.

어쨌든- 나도 마음의
준비를 해야겠군.
우리 모두에게
어려운 도전이
될 테니까.

아 그래! 어쩌면
주원이 할아버지를 대동하는 게
도움이 되지 않을까?
형님을?

그 부부가 밭에 전기를 끌어오는 데
아저씨가 도움을 준 거라면-
우리는 몰라도 아저씨의
설득은 통할지도 몰라!

그래 맞아!
형님께 한 번
말씀드려보자!

76화 장씨

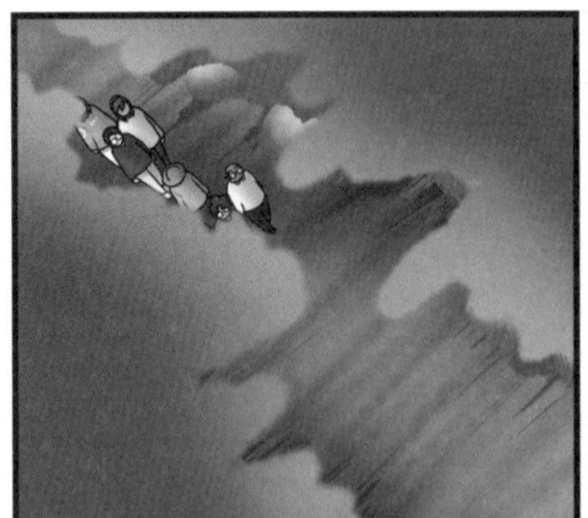

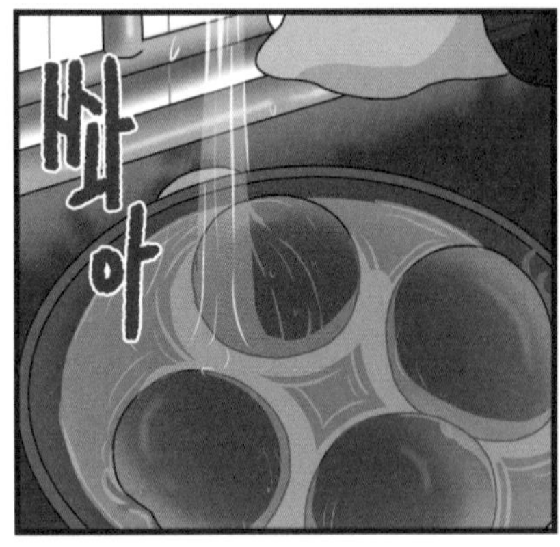

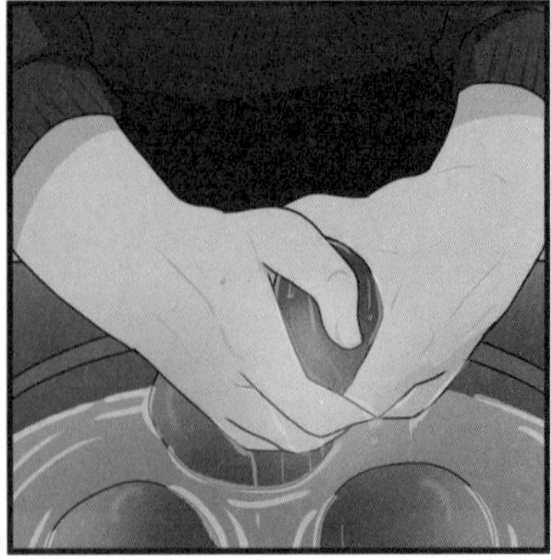

어여 먹어.

저벅—
저벅—
저벅—

어-어떻게 할까요
형님.
그래도 당사자가 먼저
나서서 묻는 게 예의겠죠?
그래야지.
지금은 이쪽이
조금이라도 밉보이면
안 되는 상황이니까-
말 조심하고
욱하지 말고.
알겠습니다.
살금
살금
끄덕
통-
통-
계십니까-
…누구요

아-안녕하십니까!
끼이익..

별일 아니면
그냥 문 닫고 돌아가시지.
아-저-
잠깐만요!

…뭐요.

도움이
필요합니다!

이 댁 밭의 전봇대로부터
전기 연장을 하고자 하는데-

그-러려면 두 분의
동의가 필요합니다.

전선이 우리 밭을
조금이라도 지나갈 텐데-
혹시라도 새들이 앉았다가
우리 밭에 똥이라도 갈기는 걸
보고 싶지 않아.
돌아가시오.
좋은 이웃도 아닌데,
이런 부탁을 하는 게
염치없군.

으으- 말하는 본새하고는-

에헴

후퇴-후퇴-
소곤
소곤

어쩌죠…
어쩌긴. 예상 못한 바도 아니고.
좋은 인상이라도 하나 남겼다고 긍정적으로 생각하게.

먼저 내려가 있게. 내가 최대한 설득해볼 테니까.

저희도 옆에 있을게요.
아니야. 그냥 가 있어. 방해 돼.

그럼… 부탁드립니다 형님.
얼른 내려가- 얼른.

장씨, 불쑥 찾아와 미안하지만
나랑 이야기 좀 합시다….

요점만 말하시오.

아무리 형님이 전에
도움을 줬다곤 해도…
그 사람들이 그런 사실에
동요하기나 할까?

우리가 어떻게 알겠어….
그저 기다리는 수밖에 없지.

오신다!

어-어떻게 됐나요?

전신주 연장 진행하게.

어-어떻게-?
어떻게라니?

어떻게 설득하신 거예요?
하하하
뭐… 나한테 빚진 걸 갚는다고
생각하라 했지!

그게 먹히던가요-?
저희 때문에 혹시
무리하신 거 아니에요?

응?
무슨 생각하는 거야?
나도 자존심이 있지~

휴… 하지만 자네들…
그 부부에 대해선 더 이상
나에게 뭔가를 바라지
말아야 할 거야.
후…
나도 직접적으로 그들한테 도움을 준 건,
전기 연장 하나뿐이거든.
이 일이니까 그나마
설득이 가능했던 거지.
다른 건 어림도 없어.
알겠습니다.
근데 참
이상한 일이네-
그러게.
전에 겪었던 일을 곱씹어보면
도저히 이성적인 대화가 가능한
사람들이라곤 안 보이거든.
땅 조금 밟았다고
트럭 앞에 드러누워 사람을
당황하게 하질 않나-
심지어 애 혼자 있는
집 마당에 들어와
휴지까지 훔쳐간
사람들인데.
그건 처음 듣는
얘긴데?
귀농 준비하던 초창기에
그런 일이 있었어요.
대문을 잠가놨는데
벽을 타고 넘어서 희한하게
휴지 한 묶음만
가져갔더라고요?

왜 나한테 진작 얘기 안 했나? 그 부부가 한 짓이 확실해?
아아- 그땐- 저희도 여러 모로 모든 게 조심스러워서…

얼굴은 확인 못 했지만- 저희한테 그럴 사람이 더 있겠어요?
물론 우리 마을 사람들하곤 켜켜이 쌓인 오해로 악감정이 대단한 사이지만…
그렇다고 범죄까지 저지르겠나….

자기네 걸 침해 당한다는 생각이 들면 확실히 더 공격적인 것 같긴 한데-
하긴, 이러나 저러나 못되게 구는 건 부정할 수가 없지.

이젠 자네들도 다 아니까 편하게 하는 말이지만-
내가 워낙 그 집에 감정이 복잡하잖나.
하하 하..

나도 잘 모르겠구만, 어쩌면 미안한 마음 때문에 괜히 변호하려는 걸지도 모르지.

그런데- 휴지를 훔쳐갔다고?
금붙이도 아니고?
네! 진짜 희한하죠?
나도 창고에서 뭐가
자꾸 없어지던데…
값나가는 것도 아니라
그냥 잊어버리곤 했거든…
흠…

!

마을 사람들한테 없어진 게 또 있는지
확인을 해봐야겠어!
???

젠장! 아랫마을 김가놈!
도벽을 고치긴 개뿔!
보나마나 이번에도
창고 한 가득 잡동사니가
쌓여 있을 테지!!!
가만두나 봐라!!
먼저 내려가네!
나중에 보세!
저-정말 도둑질은
안 했다는 건가…?

77화 지하수

주원이 할아버지 덕분에
전기 가설 문제는 생각보다
싱겁게 해결됐습니다.

그 위에 집을 지을려믄 챙길 게
한두 가지가 아닐 텐디.
아무래도 이 아래가
살기 낫지 않것나.
조금씩 살기 좋게
만들어야죠.
다행히 이젠 전기도
쓸 수 있고-

방금은 수도업자가
다녀갔는데
집터 앞 땅 깊이
암반수가 흐르고
있다 하네요.

관정을 파면 멀리서
물을 안 끌어와도
될 것 같아요.
우물을 맨든단
말이여?
네 맞아요.

근데 거그 산에
우리 마을 간이 상수원이
있지 않던가?
네. 마른 계곡
근처에요.

참 저도 여기 살면서
그게 계속 궁금했는데-

우리 마을 어르신들은
왜 그 간이 상수원을
고집하시는 거예요?
아랫마을은 다 시에서 놓은
상수도를 쓰던데.

비오면 흙탕물 섞여 나오고
가뭄일 땐 너무 잘 말라서
불편하잖아요.
으잉.
그거야 뭐.

상수도 쓸 돈이
아까워서 그런 것
아니겠어.
네? 1년에 고작
몇 천 원인데요….

노인네들이
돈이 어딨어~

가만. 내가 뭣 하러
여기 왔나?

마을회관 가시던 중
아니었을까요?
이잉. 고거고만.

그런데 이번엔 정말이지
생각조차 못했던 일이
일어났어요.
또 봐요!
…마을 사람들이
우물 파는 일을 걸고
넘어진 겁니다.

쿵쿵
쿵

잠시만요~

예! 지금 나가요!
쿵
쿵쿵

아이구 어르신들.
안녕하세요.
이른 아침부터
어쩐 일이셔요?

안녕허냐고 물어보믄
우리가 몹시 안녕하지 못허지!
예?

무슨 일이에요?

아 일단 들어갑시다!
노인네들을 쭉
여기 세워둘 거여?

아 예- 드-들어오시죠.

엄마, 우리 뭐
잘못한 거 있어?
아니….

엣헴

서울 양반들 산에다가
관정을 판다믄서?

네 그렇습니다.

그런 일을 벌리믄서
우째 우리한테 먼저
허락 받으러 오질 않았나?
예? 허락을 왜…?

아 물론, 중요한 일이면
당연히 일일이 어르신들 찾아뵙고
의견을 여쭙겠지만요.
네. 근데 관정 파는 건,
딱히 마을에 피해될 일도 아니고,
저희 땅에 저희 먹을 물 마련하는 거라
허락 받을 필요는 없지요.
마을에 피해될 일이
왜 없어!
거그 옆 계곡에
간이 상수원이 있는데!
그래여- 옆에 우리 먹는 물이 있는데
근처에 우물을 떡 하니 파버리믄,
우리 물이 다 그짝으로
새어 들어가잖여-
예? 그게 무슨- 아니에요.
그렇지 않습니다-
난 그럴 때 텃밭에
물 주는 놈덜 꼴도
보기 싫더라-
안 그래도 여름 되믄
물이 말라서 죽을 맛인디-

지은아 펜이랑 종이 좀 갖다 줄래?
응.

어르신들, 오해를 하고 계신 것 같으니까
저희가 정확하게 설명을 드릴게요.

여기요.
고맙다.

보세요. 어르신들이 쓰시는 간이 상수원은 표면에서 모여 흐르는 건천이에요.
한 번 거르고 있지만은 어쩔 수 없이 흙탕물이 되기도 하고 잘 마르죠.

하지만 저희 관정은 지하 100m에서 흐르는 암반수를 올리는 거죠.
그래서 저희가 어르신들 물을… 축낼 일은 절대 없습니다.
100M
암반수

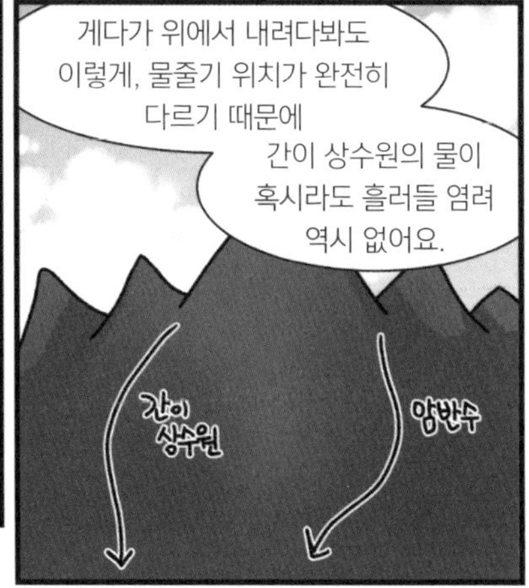
게다가 위에서 내려다봐도 이렇게, 물줄기 위치가 완전히 다르기 때문에
간이 상수원의 물이 혹시라도 흘러들 염려 역시 없어요.
간이 상수원
암반수

그렇다면 잘못 알고 계신 거지요. 저는 오늘 전문가가 직접 조사한 바를 그대로 말씀드린 거니까요.

못 믿으시겠다면 전화라도 연결해드리죠!

갑작스러운 이 상황엔
그 누구라도 당황할 수밖에
없었을 거예요.

하지만 그럼에도 불구하고
우린 이 순간까지 우물을
포기할 생각이 없었어요.

법적으로 그들이 우리 땅에
우물 파는 일을 간섭할
자격은 없으니

우리가 원하면 그냥
공사를 하면 되거든요.

본인이 피해를 입는다는
생각 하나만으로

그간의 모든 것을 잊고
다시 우리에게 외지인이라는
선을 긋는 그들을 보며…

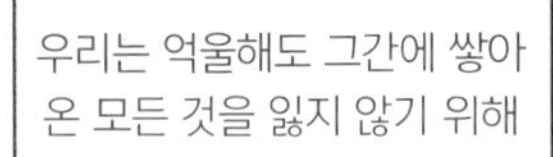

의기양양하게 우리 집을 나서는 몇몇 동네 어르신들과

난감한 표정의 부모님을 보면서

오히려 전 그 부부를 상대할 때보다 더 큰 무력함,

귀농의 허무함과 후회를 느꼈습니다.

78화 후회

몇 시간 후
새근 새근
…….
후-
눈 뜨고 코 베인 것 같네.
난 친한 사람한테 사기 당한 기분.
세상 참 알 수 없다니까
그 부부를 상대하는 게 훨씬 쉽다는 생각이 들 줄이야.
호호호…
차라리 그렇게 미워할 수 있는 상대가 훨씬 속 편하지.

어르신들은… 에휴
답답하다. 말을 말자.
털썩
어지간히도 우리랑 물
나눠 먹기 싫은가 보지?
흥
고집 센 양반들.
말대꾸한다고 호통치고
나이나 들먹이고.
더 어이없는 건 그거야.
오늘 우리를
'서울 양반들'이라고
부르더라.
평소엔 막금네라든지
이름을 부르더니.
그 얘기를 들으니까
기분이 더 처지는군.
나도 이제 할머니들이랑
웃으면서 지낼 자신이 없어.

그래도 우리랑 많이 가깝게
지내던 복례 할머님은 좀
난감한 눈치던데.

그럼 뭐해요.
반대하시니까 오늘 같이
오신 거잖아요.

쿵
쿵
쿵
아우들-!
있어?
예-

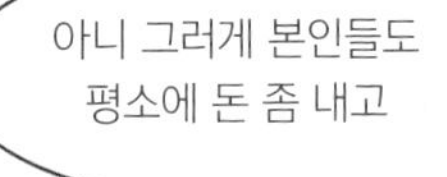
아니 그러게 본인들도
평소에 돈 좀 내고

상수도 쓰면
물 부족할 일도 없고
만사형통이잖아!

에이씨- 하여튼
성가신 노친네들
같으니-!
뭐래요?

그 흙탕물이 뭐 그리
소중해서 뺏긴다 어쩐다
그딴 소리를 하는지!
설득이 잘 안 된
모양이군요….

설득이고 뭐고 말이
통해야 하지!
무조건 안 된다- 싫다
그렇게 나오는데 난들
어떡하겠나!

마을 어르신들 전부 그렇게
생각하시는 거래요?

다행히 그런 건 아니야.
근데 그런 분들은 굳이 와서
자기 의사를 밝히진 않잖냐.
그렇죠….

그럼…
어떻게 다른 방법은…

이거 참…
내가 이렇게 묻는 것도
미안하구먼….
형님이
왜요~

그래요. 예상치 못한 일이라
당황해서 그렇지-
다른 방도가 없는 건
아니에요.

암반수를 쓸 수도 있다기에
그러자 했던 거지
근처 상수도 연결도
가능하다 했거든요.
듣던 중 다행이구만….

뭔가 부당한 권력에
굴복하는 것 같아서
기분은 영 찜찜하지만
어쩌겠어요.

이젠 다 내버리고 떠날 수
있는 처지도 아니고.
허허허

근데 형님.
참 이상하죠…?
그 부부랑 이것저것
적대할 때보다-
솔직히 오늘…
돌아갈까 하는 생각이
더 들더라고요….

이 문제 하나로 가까워졌다고
생각한 마을 사람들에게
외지인 취급이나 당하고…
허망하기 짝이 없어요.

지금은 그래도 옛날보다
나은 거라고 얘기하면…
자네들에겐
큰 실례가 되겠지.

난 그럼 가서
다른 방법을 찾았다고
말해야겠네.
그리곤 이 결정에 대해
미안함을 느끼도록
뭐라도 지껄여봐야지.

할 수 있는 게 그거뿐이라
정말 미안해.
지금까지도 충분히 많은
도움을 주셨어요.
전혀 미안해 하실
필요 없습니다.

어머! 내 정신 좀 봐!!!
아침 일찍 빨래 돌려놓곤
싹 까먹었네!!

지은아 엄마가
빨래 다시 돌릴 테니까
다 되면 널어주라~

안 그래도 해가 짧아져서 빨래
잘 안 마르는데 증말~!!

펄럭
서성
서성
어-어떡하지-
모른 척할까?
그래… 어색해서 무슨
말을 나누겠어….
아가…

할머니…
안녕하세요.

다들 괜찮아여?
네….
흥!

아까는 정말 미안혔어…
어른들이 너무 심한
말을 했네…

사실 나는 수도 어쩌구
그런 거는 들어도 잘 몰러.
형님이 가자고 해서
따라간 것뿐인디…

듣고 있으니께 이야기가
점점 산으로 가서는-
속상해서 혼났네…

나는 막금네가 일부러 우리를
속이고 그럴 리 없다고 생각해여.

마을 사람으로 안 보겠다느니
그런 말은 신경도 쓰지 말어
그게 우리 전부의 생각은
아니여-
형님도 우물 파는 거는
반대했지만 그것은-
그거만큼은 그리 생각
안 할 거여-

내가 부끄러워서
볼 낯이 없는디
그거는 말해줘야 할 거
같아서….

…관정, 안 파기로 했어요.
시 상수도에 연결한대요.

그랬구먼….

아가. 할매 집에
같이 좀 가자.
에?

미안해서 뭐라도
쥐어주고 싶어 그려-
와서 귤 한 박스
가져 가-
싱싱한 거야

네… 같이 가요….

이번 일을 통해 우리는 이 작은 마을의 민낯을 조금 보게 됐습니다.
하지만 마을에 우리를 좋아하는 사람들이 있는 한은
귀농을 포기하진 않을 것 같아요.

수원 확보

*아래의 모든 과정은 특별한 지원이 없는 이상 자비로 진행됩니다.

1. 지하수

① 지하수 개발업체에 개발을 의뢰하면, 업체에서 수원 탐사를 진행한다. 시공이 가능할 경우 시에 관련 절차를 밟으며, 개발 용량(1일 총 양수능력)과 목적(가정용, 농업용 등) 등에 따라 허가/신고 건으로 나뉜다.

② 공사가 완료된 후 수질검사를 받아야 하며, 이 검사는 이후 정기적으로(음용수 2년에 1회) 이뤄져야 한다.

③ 수질검사를 통과하지 못했을 경우, 해당 지하수는 사용할 수 없게 되고 원상복구, 즉 폐공 공사로 마무리된다.
＊공식적으로 등록된 지하수 개발업체만이 시공 가능하다.

2. 상수도

＊지방정부에서 관리하는 상수도가 모든 농촌에 있는 것은 아니다. 시/군 상수도가 없는 농촌에는 마을 사람들이 돈을 들여 만든 '마을 수도'라는 것이 있다.

① 상수도: 지자체기 관리하는 상수도를 사용하려면, 시 담당자에게 허가를 받는다. 시에서 수도를 연장해주는 공사를 마치면, 지역 수도업자에게 의뢰해 집 안으로 물을 연결한다.

② 마을 수도: 마을 이장에게 사용 의뢰를 하면, 이장 및 반장 등이 회의를 하여 동의를 내준다. 이후 수도업자를 통해 공사를 진행하면 된다.

79화 터 닦기

네. 상수도 연결로 계획을 변경하려고요.
한 차례 폭풍이 지나간 이후
우리는 마음을 추스르고 건축을 진행하기 위한 본격적인 절차를 밟았습니다.
여러 번 논의 끝에 설계를 확정했고
시간이 좀 걸렸지만 인허가를 받았으며

시공사와는 공사기간과 집터 정리에 대해 논의했죠.

오늘은 마침내 첫 삽을 뜨는 날로,
지역 토목업자가 이곳에 와 있습니다.

시공사에서
집터까지는 안
다듬어준대?
그 사람들은
집 기초 올릴 때부터
파견 나올 거래.
건축주가 원하는 자재를 직접 구입해
목수들한테 공급하는 시스템이라
우리도 꽤나 바쁘게
움직여야 할 것 같아.
그래도 직접 고른다니
기대된다.
쪼르르-
누구 하나 다치는 일 없이
집 잘~짓고 살 수 있게
도와주십시오!

사장님 나무부터 파줘요.
다른 데다 옮겨 심게.
알았어요.
부르면 트럭 가지고
올라와요
기이잉~
나무들이 황당하겠다
심었다 뽑았다 헷갈리게~
그래도 1년 동안
꽤 많이 자랐어. 죽은
나무도 거의 없고.
그럼 뭐 하냐.
7년을 더 커야 먹을 만한
호두가 열린다는데.
이런 약탈자 같은 녀석.
우리 호두나무들의
유아기를 깡그리
무시하다니…
우씨

그나저나-
요즘 뱃살이 너무 늘어나서 살을 좀 빼려고 하거든.
말 돌리지 마.
아무 데서나 배를 까지 마.
탱

근데 방금 저 포크레인을 보고 생각났어.
뭐가.

비보잉 댄스를 배워야겠어! 내가 잘할 수 있을까?!
???
도대체 무슨 소리야?

너희 뭐해~!! 빨리 와!

벌써 농땡이 부리는 거야~? 우리도 할 일 많아~
죄송 죄송~

하지만 원두막을 일일이 뜯어 옮기는 것보단 한꺼번에 들어 옮기는 게 역시 간편하고 좋지 않을지~?
오호~

아들이 줄 건가 보지? 원두막 옮길 중장비 빌릴 돈?
아하~

간만에 어머니를 봬서 기쁜 나머지 자꾸 헛소리가 나오나 봅니다.
부디 잊어주시옵소서.

해체만 해놓으면 포크레인 사장님이 옮겨주시기로 했으니까
거기 한쪽에 가지런히 놔둬.
예압~

아들! 이거 받아라! 조심해- 꽤 무겁다!
예이~

이것도 아깝네~
만든 지 얼마나 됐다고
해체라니~
넌 여기 거의
오지도 않으면서
아쉬운 게 뭐 그리
많냐?

누님도 참.
이 땅이 다 제가 물려받을
재산 아니겠습니까?
주인 의식이지요.
주인 의식!
뭐야?!

말도 안 되는 소리!
재산 분할은 공평하게
5:50￼야!
김칫국 원샷하는
소리들 하고 있네.

기이잉~
며칠 동안 산을 깎고
집터와 길을 만든 뒤엔

축대를 쌓고 유형관을 묻는 작업이 이어졌습니다.
* 유형관: 알파벳 U 형태의 관.
수로를 만드는 데에 쓰인다.
바위와 유형관은 중장비 기사님을 통해
중고자재를 구입하는 것으로 돈을
절약할 수 있었고요.

그동안 설계사와 시공사의 대표가
한두 번씩 확인차 왔다 갔고
첫 작업인 '기초'를 시공하기 위해
첫 번째 팀이 파견됐습니다.

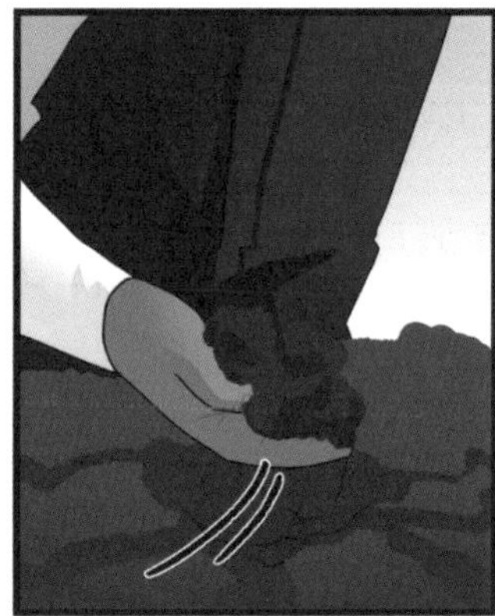

이 앞쪽 땅은 만든 땅이라
좀 무른 것 같네요.
집 짓기에
위험한 정도인가요?
탈
탈

글쎄요. 튼튼하게 할
방법을 모색해봐야죠.
아마 주름관과
콘크리트면 보완이
될 겁니다.

근데 팀장, 여기 길이 좁아서
레미콘이 못 올라올 것 같던데?
어떻게 할 거야?

설마… 우리 기초부터
난관에 봉착한 거야…?
쑥덕 쑥덕

불길한 징조다….
처음부터 문제가 생기다니….
기초를 못 올리는 건가?

아아~ 건축주님들 걱정 안 하셔도 됩니다!

레미콘은 마을 정자 옆에 대놓고 거기서 시멘트를 개어서
트럭으로 옮겨 담아 올라오면 될 거 같거든요.

다행히 펌프차는 레미콘만큼 덩치가 크지 않으니까 올라올 수 있어요.
번거롭지만 괜찮습니다.

자 그럼 본격적으로 작업을 시작해볼까요? 추워지기 전에 얼른 콘크리트 양생을 끝내야죠.

설계도 가져오셨죠? 좀 봐야 하는데.
네 여기요.

저쪽으로
가시죠.
휴식 때 쓸
자리랑 테이블
마련해뒀거든요.
오~ 감사합니다.
이런 배려를~

사모님! 전 기초팀
부팀장입니다.
임금이랑 숙소 등에 대해
확인하고자 하는데요.

숙소는 마을 여관에 계시는
동안 2인 1실로 쓰시게끔
잡아놨구요.
네네.

그 여관에서 점심 배달, 저녁은
숙소에서 제공할 거예요.
위치는요?
오늘 업무 끝나면
모셔다드릴게요.

이건 팀원들 하루 일당을
정리해둔 표입니다.
건축주께선 일주일 단위로
지급해주시면 되고요.

팀장이 매주 근무한 시간 및
개인 총 금액 정리해서
메일로 알려드릴 겁니다.

음- 경력별로, 직급별로
임금이 다른 거구나.
근데 이건 뭐예요?
뭐요?
근데 한 번에 이만큼
씩 받아요?
네. 저번에 처음
오셨을 때도 그만큼
청구하셨을 텐데?
대표님 출장비.
아 그거.
가끔 대표님이
현장을 확인하러
오시거든요.
그건 그냥
현장 답사비인 줄
알았죠!
대표님 자주
오실 거래요?
초반에는
아마…
부담되시면
덜 부르죠 뭐!
대표님 안 오시면
저도 편하고 좋은데!
활짝
아앗!
진심이 튀어나왔다!
귀가
잘 안들리네~
킥킥

건축허가/신고 및 착공신고

1. 접수할 설계도면은 꼭 전문가가 작성한 것이어야 한다. 다만 '표준설계도면'이라는 비용절감 대안이 있음

2. '신고'가 가능한 대상도 있지만, 일부 소규모 건축물에 한할 뿐이고 그 외 모든 건축물은 '허가' 대상이다.

3. 허가 신청 후, 다소 시일이 소요될 수 있다.

4. 건축허가서를 교부 받은 이후, 착공 시에 '착공신고'가 요구되며 대리인(시공사)이 신고 가능하다.

인터뷰

막금 씨 부부에게
지난 귀농 여정을 묻습니다!

에른	오늘은 막금 씨와 재석 씨의 모델이 된 작가의 부모님을 모시고 실제 귀농 과정에 대해 들어보는 시간을 갖겠습니다. 각자 자기소개 부탁드립니다.
김씨	막금 씨의 모델이자 귀촌을 꿈꾸었던 귀농 3년차 김씨입니다!
이씨	현실 적응을 잘하는 성격입니다. 귀농 3년차고요. 에른 작가의 아빠 이씨입니다.

Q1 귀농을 결심하게 된 계기는 무엇인가요? 처음부터 귀촌이 아닌 귀농을 할 생각이었나요?

이씨	네.
김씨	(화를 내며) 그렇긴 뭘 그래. 아닙니다. 저희도 원래는 5년 후에 친구들과 함께 귀촌할 생각이었는데 남편이 직장을 일찍 그만두는 바람에 귀농하게 됐어요. 우아한 귀촌을 꿈꾸었으나... 오늘도 콩을 선별하고 있네요... 이렇게... 겨울 내내....

Q2 어떻게 다섯 가족이 함께 귀촌할 생각을 했나요? 쉬운 일이 아닐 텐데.

이씨	지금의 농원 식구들은 와이프와 친구들을 중심으로 오래전부터 가족처럼 지낸 사이에요. 대부분 서로서로 소개시켜줘서 결혼했기 때문에 남편들끼리도 그리 어색

하지 않고 아이들도 함께 놀러 다니며 자랐죠.

김씨 노후에 외롭지 않고 싶은 마음이 컸죠. 그런데 어쩌면 앞으론 농원 식구가 더 늘지도 모르겠어요. 귀농을 하지 않으려 했던 한 친구가 지금 우리 사는 모습을 보고는 마음이 바뀌는 것 같거든요.

에른 지금은 두 가족이 먼저 정착해 살고 있잖아요? 함께 살면서 곤란하거나 다퉜던 상황이 발생했었나요? 아무리 친하더라도 전혀 다른 가족들이 모여 살아가는 거잖아요. (네이버 ID 이카드*님의 질문입니다)

이씨 물론 있었습니다. 삶의 방식이나 행동이 같을 수 없으니까. 시시콜콜하게 말하긴 좀 그렇지만 전에는 항상 즐겁게 만났다면 지금은 꼭 그런 건 아니라고 해야 되나. 귀농 1년차에 공동 작업을 하면서 서로 의견 공유가 안 되면 오해도 생기고 감정도 상하고 그랬었죠.

김씨 마을 분들도 공동으로 농사짓는 게 그렇게 힘들다고들 하더라고요. 지금은 담배와 콩에 한해서는 각자 농사를 짓고 있습니다. 다른 일들은 여전히 서로 의지하며 해결해나가고 있고요.

Q3 귀농하기 전 생각했던 귀농의 이미지와 실제 생활의 다른 점이 있나요?

김씨 귀농의 이미지라는 게 없었어요. 난 귀촌을 원했으니까. (웃음) 하지만 지금 느껴지는 건 생각보다 일이 굉장히 많다는 것. 그래서 말인데 내년부터는 주 수입원 외에 심는 작물 종류를 좀 줄여야겠어. 주작물을 신경 쓰면서 우리 먹을 걸 너무 이것저것 심으니까 풀 뽑는 것도 제때 수확하는 것도 힘들어요. 근데 양념류인 들깨는 꼭 심어야 하고 고추도 심어야 하니까...

이씨 그러다가 또 다 심겠지~

Q4

지난 1년 동안 키운 작물은 어떤 것이 있었는지 말씀해주세요. 그중 수입을 가장 많이 낸 작물은 뭐였나요? (네이버 ID wandy*** 님의 질문입니다.)

김씨 2018년에 키운 것은 고구마, 옥수수, 들깨, 서리태콩, 흰콩, 배추, 무, 알타리무, 토마토, 상추, 갓, 청갓, 시금치, 방울 토마토, 고추, 강황, 감자, 방풍나물, 땅콩, 오이, 가지, 치커리, 작두콩, 초석잠, 구기자, 열무, 담배, 토란 등등이었어요.

이씨 대부분은 텃밭, 작은 밭에 키운 것이거나 시험 재배한 겁니다. 수입을 낸 건 담배, 흰콩, 서리태콩, 들깨, 고추, 강황, 고구마고 그중 담배와 콩이 판로 걱정이 없는 주 수입원이었습니다. 담배는 한국담배인삼공사와 계약재배하고 콩은 농협 또는 정부에 수매하는 것이라 생활비를 여기에 의존합니다. (※담배는 어린 독자층을 고려해 일

부러 만화에선 다루지 않았습니다)

에른 이어서 질문 드릴게요. 1년 예산은 어떻게 운용하시나요? 농사 수입이 특정 시기에 들어올 텐데요. 아울러 귀농을 시작할 때 얼마만큼의 자금이 필요하다고 생각하시는지도 궁금합니다.

이씨 한국담배인삼공사에서 5월에 재배량의 30%에 해당하는 선수금을 먼저 지급해줍니다. 그리고는 늦은 가을철에 대부분 수입이 들어오죠. 그걸 1년 내내 잘 나눠서 써야 합니다.

김씨 하지만 지금까지는 서울에서 가지고 온 돈으로 생활하고 있어요. 첫해는 특히 수입이 얼마 없었고 그에 비해 보험이나 통신비 같은 건 고정적으로 지출해야 하니까. 귀농 생각하시는 분들도 3년 정도의 생활비는 미리 준비하시면 좋을 것 같아요. 적응하면서 농사로 돈 벌기까지 시간이 좀 걸리니까요. 저흰 앞으로 10년 정도는 꼬박 열심히 농사를 할 생각입니다. 연금과 함께 노후에 쓸 돈을 저축하기 위해서요.

Q5 도시를 떠나며 아쉬웠던 것이 있다면 뭘까요?

김씨 제일 아쉬운 건 바닐라라떼. (웃음) 여기는 카페가 멀기 때문에. 그리고 제과점에서 만든 부드러운 식빵. 소소한 아쉬움이랄까.

이씨 저는 부모님과 멀리 떨어지게 된 것. 그리고 청계천 풍물시장을 못가는 것. 매주 주말마다 쇼핑하는 재미가 있었거든요. 음... 그다음엔 친구를 자주 못 만나는 것? 하긴 친구는 서울에 있어도 자주 만나진 못했네요.

에른 문화, 의료 등의 서비스와 멀어진 게 불편하진 않아요?

김씨 아직은 50대라 기동성이 있어서 괜찮지만, 노년에는 불안할 것 같아요. 영화라든가 하는 건 VOD 서비스 같은 것들이 있으니까. 요즘은 오히려 극장가서 영화 보면 다리가 아파서 힘들어요. 집에 누워서 보는 게 좋지.

Q6 완전히 정착한 지금 도시와 농촌은 무엇이 다르다고 느껴지나요?

이씨 도시는 혼잡해요. 사람도 차도 많고. 반면 여긴 여러 가지로 여유로움이 있죠.

김씨 하지만 도시에선 사생활을 충분히 지킬 수 있어요. 타인을 내 의지대로 차단할 수 있죠. 농촌은 좁은 사회다 보니 원치 않아도 나를 오픈해야 하는, 타인이 내 공간으로 너무 많이 들어오는 불편함이나 부담을 느껴요.

에른 그렇다면 귀농 후 가장 행복할 때는 언제인가요? 또 전에 하던 일에 비해 농업의 만족도는요?

이씨 저는 일찍 잠잘 때 제일 행복해요. (웃음) 마음껏 잘 수도 있고. 전에 하던 일은 야근이 잦았거든요. 그리고 농사 일은 특정 시기에 집중적으로 일하고 쉴 수 있는...

김씨　(콩을 고르며 인터뷰를 하고 있는 김씨. 짜증을 내며) 근데 저는 이 주말에도 콩을 고르고 있다고요. (농땡이를 피우던 이씨, 눈치를 보며 옆에 앉아 콩을 선별하기 시작한다.) 그치만 농사는 내가 관리를 하기 때문에 몸은 많이 고단해도 융통성이 있어요. 아프면 편히 쉴 수 있어서 좋죠. 그런 면에서 스트레스는 확실히 적어요. 그리고 전 아침에 잠을 깨면 숲속에 있는 듯한 그 기분이 행복하더라고요. 신선한 공기에 새소리가 들리면서. 마치 어디 놀러 와서 자고 일어난 기분이랄까. 강아지가 마음껏 짖어도, 쿵쿵 뛰어도 뭐라 할 사람이 없고. 아, 나무를 심을 때 특히 행복했어요. 집 주위를 내가 원하는 꽃과 나무로 가꾸는 게 정말 좋았죠. 가끔 남편이 집 주위에 안 예쁜... 건물을 짓는 게 좀....

이씨　내가 뭐....

김씨　창고 말이야. 색칠을 좀 해. 저렇게 방수포 붙여서 놔두지 말고.

Q7 두 분은 연고지가 없는 곳에 귀농하신 거죠. 농촌에서 혈연, 지연 등의 위력이 어떻다고 생각하세요?

김씨　이곳에서 연고라는 건 대단한 힘이라고 느껴져요. 뭔가

막힐 만한 일을 수월하게 굴러가게 하는 그런 힘? 국진 씨의 먼 친척들이 운 좋게 이곳에 살고 있어서 저희로선 그 덕을 많이 본 셈입니다.

에른 그럼 귀농/귀촌을 하고 싶은 사람들에게 조금이라도 연고 있는 지역을 찾으라고 말하고 싶은가요?

김씨 글쎄요. 귀촌이라면 연고가 있는 곳보단 귀촌 마을로 조성된 곳에 자리 잡는 게 더 좋지 않을까요. 귀농하는 사람들도 집은 거기 마련하고, 땅을 빌려서 농사를 짓거나 해도 괜찮을 거 같아요.

이씨 생각하기 나름이 아닐까. 연고가 있건 없건 새로운 공동체에 들어가면 일단 굴러온 돌로 보일 테니까.

Q8 귀농을 할 때 가장 중요한 것은 뭐라고 생각하세요?

김씨 마을 사람들과의 유대감 형성이요. 그리고 농사에 관해서 내가 '안다'고 생각하지 않아야 할 것 같습니다. 관련 지식이 많아도 잘난 척하거나 과신해서는 안 돼요. 그게 실전에서 잘 먹히는 지식인지 장담할 수도 없거니와 농촌 사람들이 농업에 가지고 있는 강한 자부심을 굳이 건드릴 필요가 없어요. 그것으로 인해 관계의 많은 부분이 꼬일 수 있으니까요. 대신 자꾸 물어보고 배우면서 친해져야 한다고 생각해요.

이씨 같은 맥락에서 작목을 선택할 때 마을에서 많이 재배하는 걸 택하면, 배우기 쉽고 판로도 쉽게 열 수 있습니다. 너무 특이한 작물은 정보나 판로도 없고 대중의 인지도도 낮아서 투자를 했다가 손해 볼 가능성이 높습니다.

에른 도시에 살 때와 비교해서 '이런 부분이 가장 어려웠다' 하는 게 있다면요? 그것도 이웃과의 관계 형성일까요? (인스타그램 ID @jhmi***님의 질문입니다)

이씨 음... 집 두 채를 한꺼번에 짓는 데다 땅이 임야라 건축허가 절차가 무척 복잡했습니다. 또 마을에서 좀 떨어진 거리다 보니 전화, 인터넷, 수도, 하수시설, 전기를 끌어들이는 것이 매우 힘들었고 비용 부담이 컸어요. 그게 제일 어려웠던 것 같네요.

에른 그럼 예비 귀농/귀촌인들에게 비용 절감 차원에서 마을과 가까운 곳에 정착하라고 권하고 싶은가요?

김씨 글쎄요. 우리 집은 마을에서 조금 떨어진 만큼 사생활 보호가 되는 장점이 있어서. 앞서 말한 인프라들이 잘 구비되어 있다면 마을에서 좀 떨어진 것도 나쁘지 않다고 봐요. 하지만 일정기간 마을 내에 집을 빌려 이웃들과 친해지고 적응하는 시간을 갖는 건 여기서 사는 데 도움이 많이 되는 것 같아요.

Q9 마지막으로 집 이야기를 더 자세히 해볼게요. 집 지을 때 가장 고려했던 건 뭔가요?

김씨 집의 방향. 햇빛이 얼마나 들어올 것이냐. 이 좋은 햇빛을 충분히 안에서도 누려야죠. 그리고 역시 단열. 외딴 곳에 있는 집이라 제일 중요해요. 배수도 매우 그에 못지않게 고민거리였는데. 물길이 제대로 안 나면 비가 많이 왔을 때 집 주변을 다니기가 힘들거든요.

에른 건축하는 데 비용은 얼마나 들어갔죠? 대강이나마 말씀해주실 수 있나요?

김씨 처음엔 토목과 건축 합해서 예산이 1억 5천이었는데... 건축 자체에만 1억 5천이 들었네요. 29평 주택 기단부부터 정화조나 인테리어까지 다 합쳐서요. 그리고 앞서 말한 수도, 인터넷, 전기 같은 인프라와 축대, 터다지기 같은 토목 쪽으로 4-5천만 원 정도. 짓고 보니 싸게 지은 집은 아니란 생각이 듭니다. 마을에서 멀고 산 중턱이라 건축 외의 비용이 일반적인 사례보다 더 많이 나왔다고 보시면 될 것 같아요.

Q10 집은 적어도 세 번은 지어봐야 한다고들 합니다. 그만큼 건축 후 이런저런 후회를 한다는 말인데요. 살면서 후회하는 부분들이 있나요? 그리고 가장 마음에 드는 부분은? (네이버 ID 영*님의 질문입니다)

이씨 이웃집처럼 온돌방을 하나 놓을걸. 단열 부분은 무척 만족합니다.

김씨 드레스룸이 너무 작다. 화장실을 줄이고 드레스룸을 더 크게 할걸. 또 옆집하고 사이를 더 띄울걸 하는 아쉬움이 남아요. 두 집 사이의 공간이 좁아서 통로 외에 다른 용도로 활용해볼 수가 없네요. 좋은 점은 다락이나 수납공간이 넓어 물건 보관이 용이한 것. 여기 살다 보면 자꾸 뭐가 늘어나서 수납공간이 넉넉하게 필요해요.

에른 질문은 여기까지입니다. 정성스런 답변 정말 감사드리고요. 이제 저는 인터뷰 내용을 정리하러 제 방으로 올라가겠습니다.

김씨 어디 가냐. 앉아서 콩 골라. 내일 또 10kg 주문 택배를 보내야 한단 말이다~!

(작가, 체념한 마음으로 앉는다. 다 같이 앉아 콩을 선별하며 마무리)